高等职业教育园林专业新形态教材

园林工程施工组织与管理

主　编　祁　鹏　唐亚男　刘梦茹

副主编　母枸菲　许勤媛　张艾妤　刘　平

北京理工大学出版社
BEIJING INSTITUTE OF TECHNOLOGY PRESS

内 容 提 要

本书共分为六个模块，主要内容包括园林工程施工组织概论、园林工程施工与管理的准备工作、园林工程施工组织设计、流水施工原理与网络计划技术、园林工程施工管理、园林工程竣工验收与后期养护管理。每个模块后附有模块小结和实训练习。

本书可作为高等院校园林工程技术等相关专业的教材，也可作为园林工程技术人员的培训教材或自学用书。

图书在版编目（CIP）数据

园林工程施工组织与管理 / 祁鹏，唐亚男，刘梦茹主编.--北京：北京理工大学出版社，2022.7（2022.8重印）

ISBN 978-7-5763-1514-1

Ⅰ.①园… Ⅱ.①祁… ②唐… ③刘… Ⅲ.①园林－工程施工－施工组织 ②园林－工程施工－施工管理 Ⅳ.①TU986.3

中国版本图书馆CIP数据核字（2022）第124951号

出版发行 / 北京理工大学出版社有限责任公司

社　　址 / 北京市海淀区中关村南大街5号

邮　　编 / 100081

电　　话 / （010）68914775（总编室）

　　　　　（010）82562903（教材售后服务热线）

　　　　　（010）68944723（其他图书服务热线）

网　　址 / http://www.bitpress.com.cn

经　　销 / 全国各地新华书店

印　　刷 / 河北鑫彩博图印刷有限公司

开　　本 / 787毫米×1092毫米　1/16

印　　张 / 13　　　　　　　　　　　　　　　　责任编辑 / 封　雪

字　　数 / 254千字　　　　　　　　　　　　　　文案编辑 / 毛慧佳

版　　次 / 2022年7月第1版　2022年8月第2次印刷　责任校对 / 刘亚男

定　　价 / 45.00元　　　　　　　　　　　　　　责任印制 / 王美丽

前言 PREFACE

　　施工组织设计文件编制及施工现场管理能力是施工及管理人员必须具备的专业核心能力。通过对本书的学习，学生能够对园林工程施工全过程的原始数据及资料进行分析，收集有价值的信息并进行整理、比较和归纳，制定切实可行的施工方案，编制施工进度计划及资源计划，并根据实际情况进行控制与调整，在此基础上进行方案比较及优化；能够根据现场情况绘制施工平面图，编制施工技术组织措施，掌握园林工程施工中必须具备的施工组织及管理的基本知识与技能。

　　本书以园林施工组织设计与管理文件为主线进行编写，以能力为导向，确定学习目标；以工作过程为导向，确定学习内容；以学生为主体，以行动为导向，确定教学方法；以岗位能力为导向，进行教学评价。本书共六个模块，分别为园林工程施工组织概论、园林工程施工与管理的准备工作、园林工程施工组织设计、流水施工原理与网络计划技术、园林工程施工管理、园林工程竣工验收与后期养护管理。模块一主要介绍园林工程的特点、施工程序及施工方式；模块二主要介绍园林工程施工与管理的准备工作，包括施工准备工作的内容及季节性施工准备等；模块三主要介绍园林工程施工组织设计的编制内容及编制要点；模块四主要介绍流水施工原理和网络计划技术；模块五主要介绍园林工程施工管理，包括园林工程施工合同管理、质量管理、成本管理、进度控制及安全管理；模块六主要介绍园林工程竣工验收与后期养护管理，主要包括园林建设工程项目竣工验收、园林工程后期养护管理等内容。

本书全面且系统地阐述了园林工程施工组织及管理文件的编制流程与要求、施工组织与管理文件的大部分内容，注重理论与实践的结合及学习综合能力的提升，其中的实训工作单可以为教师组织教学、学生自学提供一定帮助。本书应用实例丰富，可以让学生对园林工程施工组织与管理的相关知识有较为全面且深入的了解。

　　本书由四川交通职业技术学院祁鹏，四川科技职业学院唐亚男、刘梦茹担任主编；由四川科技职业学院母枸菲、许勤媛、张艾妤、刘平担任副主编。具体编写分工为：祁鹏编写模块三，唐亚男编写模块四，刘梦茹编写模块一和模块五，张艾妤编写模块二和模块六。母枸菲、许勤媛、刘平参与了本书部分内容的编写。

　　由于编者水平有限，书中难免存在疏漏之处，敬请广大读者批评指正。若在使用本书的过程中有任何意见或建议，请读者发送至编者邮箱（273581335@qq.com）。

编　者

目录
CONTENTS

模块一 园林工程施工组织概论

模块导入

　　园林工程是指在一定的地段范围内，利用并改造自然山水地貌，或者人为地开辟山水地貌，结合植物的栽植和建筑的布置，从而构成一个供人们观赏、游息、居住的园林景观环境的全过程，过去也称为造园。研究园林的工程设计，施工技术及原理，工程施工组织管理，园林中新材料、新技术的利用，以及如何创造优美宜人的园林景观环境的学科就是园林工程学。园林工程是以市政工程原理为基础，以园林美学和园林艺术理论为指导，研究园林景观建设施工及管理的一门课程。

知识目标

1. 了解园林工程的概念。
2. 掌握园林工程项目的特点和施工特点。
3. 熟悉园林工程施工主要项目。
4. 掌握园林工程建设程序和主要的施工方式。

能力目标

1. 能阐述园林工程建设程序。
2. 能进行园林工程施工的各项准备工作。

单元一

园林工程的特点与主要项目

【引 言】

园林工程是指在一定的地段范围内，利用并改造自然山水地貌或人为地开辟山水地貌，结合植物的栽植和建筑的布置，从而构成一个供人们观赏、游息、居住的园林景观环境的全过程。

园林工程项目是指园林建设领域中的项目。一般园林工程项目是指为某种特定的目的而进行投资建设，并含有一定建筑或建筑安装工程的园林建设项目。

园林施工项目是园林施工企业对一个园林建设产品的施工过程及最终成果，也就是园林施工企业的生产对象。它可能是一个园林项目的施工及成果，也可能是其中一个单项工程或单位工程的施工及成果。这个过程的起点是投标，终点是保修期满。

园林发展

一、园林工程的特点

1．综合性强

园林工程是一门涉及广泛、综合性强的综合学科，园林工程所涉及的不仅是简单的建筑和种植，更重要的是在建造的过程中：①要遵循美学的观点，对所建工程进行艺术加工；②园林施工人员必须能看懂园林景观设计图纸，还要领会景观设计师的意图，所建工程才能符合设计的要求，甚至能使所建景观锦上添花；③园林工程还涉及施工现场的测量，园林建筑及园林小品，园林植物的生长发育规律，以及生态习性、种植与养护等方面的知识。随着社会的进步、人类对环境要求的提高，要求园林景观具备多重功能，最大限度地满足人们日常生活的使用功能和审美意识的需求。

2. 艺术性特征明显

园林工程不仅是技术工程，而且是艺术工程，具有明显的艺术性特征。园林艺术涉及景观造型艺术、园林建筑艺术、绘画艺术、雕刻艺术、文学艺术、植物造景艺术等诸多艺术领域。假山与水景的建造、园林建筑的施工、园路和广场的铺装及植物造景都需要采用特殊的艺术处理才能得以实现。

3. 园林建设的时代性

园林工程是随着社会生产力的发展而发展的，在不同的社会时代条件下，形成与其时代相适应的建设内容。随着社会的发展、科学的进步、人民生活水平的提高，人们对环境质量要求不断提高，对城市的园林建设要求也多样化，新理念、新技术、新材料已深入风景园林工程的各个领域，形成了现代风景园林工程的又一显著特征。

4. 施工及工程管理的复杂性

（1）园林工程的复杂性。园林工程施工涉及广泛，不仅涉及园林美学与园林艺术、土建和植物的种植与养护、气候、土壤及植物的病虫害防治等方面的知识，而且在施工过程中还要求园林建造师具备一定的组织管理能力，才能使工程以较低成本、高质量按期交工。

（2）管理的复杂性。由于在园林工程施工过程中，涉及施工队伍内部人员的管理，以及涉及与建设单位、监理单位进行协调。因此，园林建造师在园林工程的施工过程中，不仅要掌握熟练的园林施工技能，还要有相应的管理及社交能力，才能保证施工的顺利进行。

5. 时效性强

一般来说，园林建设项目都有工期限制，在施工过程中，进度的控制也是相当重要的一项管理内容，只有制定完善的施工组织设计和施工中适当的工期控制，才能保证工程如期完工。由于园林植物的生长发育受到气候的影响。因此，园林施工也受到季节限制，在不适宜季节种植园林植物就要增加相应的种植和养护管理费用。

【特别提示】从园林工程的特点来看，只有单位园林工程、单项园林工程和园林建设项目的施工任务才称得上园林施工项目，因为单位园林工程才是园林施工企业的最终产品。分部、分项园林工程不是园林施工企业完整的最终产品，因此不能称作园林施工项目。

二、园林工程的主要项目

园林工程包括土方工程、给水排水工程、水景工程、栽植工程、假山工程、花坛砌体工程、挡土墙工程及供电工程等。园林工程研究的范畴包括工程原理、工程设计、施工原理和养护管理。其根本任务就是应用工程技术表现园林艺术，使地面上的工程构筑物和园林景观融为一体。可以说，园林作品的成败，在很大程度上取决于园林工程施工和管理水平的高低。

1. 土方工程

任何建筑物、构筑物、道路及广场等工程的修建，都要在地面做一定的基础（如挖掘基坑、路槽等），这些工程都是从土方施工开始的。在园林中，地形的利用、改造或创造（如挖湖堆山，平整场地）都要依靠动土方来完成。一般来说，土方工程在园林建设中是一项大工程，在建园中它又是先行的项目。它完成的速度和质量，直接影响着后续工程，所以，它与整个建设工程的进度关系密切。土方工程的投资和工程量一般都很大，部分大工程的施工期很长，如上海植物园，由于地势过低，需要普遍垫高，挖湖堆山，动土量近百万立方米，施工期从 1974—1980 年断断续续达六七年。由此可见，土方工程在城市建设和园林建设工程中占有重要地位。为了使工程能多、快、好、省地完成，必须做好土方工程的施工组织设计与管理。

> **【特别提示】** 土方工程根据其使用期限和施工要求，可分为永久性和临时性两种，但无论是永久性还是临时性的土方工程，都要求具有足够的稳定性和密实度，使工程质量和艺术造型都符合原设计要求。同时，在施工中还要遵守相关的技术规范和设计的各项要求，以保证工程的稳定和持久。

2. 给水排水工程

（1）从水源取水并进行处理，然后用输水配水管道将水送至各处使用。在这一过程中由相关构筑物和管道所组成的系统，称为给水系统。给水是园林工程中重要的组成部分，园林绿地给水工程可能是城市给水工程的组成部分，也可能是一个独立的系统。

1）园林给水的特点。

①园林中用水点较分散。

②由于用水点分布在起伏的地形上，高程变化大。

③水质可根据用途不同分别处理。

④用水高峰时间可以错开。

2）给水系统的组成。给水工程可分为取水工程、净水工程和输配水工程三个部分。它们之间用水泵联系，组成一个供水系统。

①取水工程包括选择水源和取水地点，建造适宜的取水构筑物，其主要任务是保证城市用水量。

②净水工程建造给水处理构筑物，对天然水质进行处理，以满足生活饮用水水质

标准或工业生产用水水质标准要求。

③输配水工程将足够的水量输送和分配到各用水地点，并保证水压和水质，为此需要敷设输水管道、配水管道和建造泵站及水塔、水池等调节构筑物。水塔、高位水池常设于地势较高地点，借以调节用水量并保证管网中的水压。

（2）被污染的水经过处理而被无害化，再和其他地面水一样通过排水管渠排除掉。在这个排水过程中所建的管道网和地面构筑物所组成的系统，则称为排水系统。

3. 水景工程

水是园林中的灵魂，有了水才能使园林产生很多生气勃勃的景观。"仁者乐山，智者乐水"，寄情山水的审美理想和艺术哲理深深地影响着中国园林建造。水是园林空间艺术创作的一个重要因素。由于水具有流动性和可塑性，因此，园林中对水的设计实际上是对盛水容器的设计。水池、溪涧、河湖、瀑布、喷泉等都是园林中常见的水景设计形式，它们静中有动、寂中有声、以少胜多，渲染着园林气氛。

水景工程分类依据

水景工程包括驳岸工程、护坡工程、水池工程、瀑布工程、跌水及溪流工程、喷泉工程。

（1）驳岸工程：园林驳岸是在园林水体边缘与陆地交界处，为稳定岸壁，保护湖岸不被冲刷或水淹所设置的构筑物。在古典园林中，驳岸往往用自然山石砌筑，与假山、置石、花木相结合，共同组成园林景观（图1-1和图1-2）。

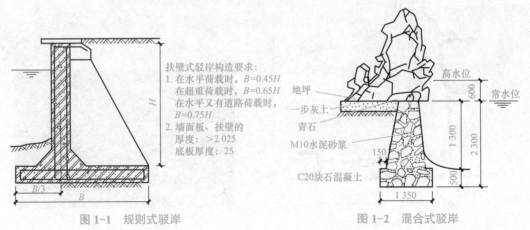

图1-1 规则式驳岸　　　　　　　　图1-2 混合式驳岸

（2）护坡工程：在园林中，自然山地的陡坡、土假山的边坡、园路的边坡和水池岸边的陡坡，顺其自然不做驳岸，而是改用斜坡伸向水中的做法。护坡主要是防止滑坡，减少水和风浪的冲刷，以保证岸坡的稳定（图1-3）。

图1-3 护坡

（3）水池工程：水池在园林中的用途很广泛，可用作广场中心、道路尽端，以及和亭、廊、花架等各种建筑小品组合形成富于变化的各种景观效果。常见的喷水池、观鱼池、海兽池及水生植物种植池等都属于这种水体类型。水池平面形状和规模主要取决于园林总体规划及详细规划中的观赏与功能要求，水景中水池的形态种类众多，深浅和材料也各不相同。

> **【特别提示】** 目前，园林中的人工水池从结构上可分为刚性结构水池、柔性结构水池、临时性简易水池三种，具体可根据功能的需要适当选用。
>
> 刚性结构水池施工完成后应进行试水工作。其目的是检验结构安全度，检查施工质量。试水时应先封闭管道孔，由池顶放水入池，一般分几次进水，应根据具体情况控制每次进水高度。另外，还要从四周上下进行外观检查，做好记录。

（4）瀑布工程：瀑布是一种自然现象，是河床造成陡坎，水从陡坎处滚落下跌时，形成优美动人或奔腾咆哮的景观，因遥望时下垂如布，故称瀑布（图1-4）。

（5）跌水及溪流工程：水景设计中的跌水及溪流的形式多种多样，其形态可根据水量、流速、水深、水宽、建材，以及沟渠等自身形式而进行不同的创作设计（图1-5）。

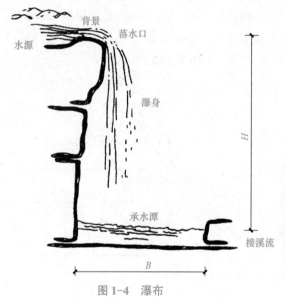

图1-4 瀑布

图1-5 跌水及溪流

（6）喷泉工程：喷泉是园林理水的手法之一，它是利用压力使水从孔中喷向空中，再自由落下的一种优秀的造园水景工程。它凭借壮观的水姿、奔放的水流、多变的水形，深得人们喜爱。近年来，由于技术的进步，出现了多种造型的喷泉、构成抽象形体的水雕塑和强调动态的活动喷泉等，大大丰富了喷泉构成水景的艺术效果。在我国，喷泉已成为园林绿化、城市及地区景观的重要组成部分，越来越受到人们的重视和喜爱。

4. 栽植工程

栽植工程是以植物栽植工作为基本内容的环境建设工程。栽植工程施工则是以植物作为基本的建设材料，按照绿化设计进行具体的植物栽植和造景。植物是绿化的主体，植物造景是造园的主要手段，由于园林植物种类繁多，习性差异很大，立地条件各异，为了保证其成活和生长，达到设计效果，栽植施工时必须遵守一定的操作规程，才能保证绿化工程施工质量。

5. 假山工程

山水是园林景观中的主体，俗话说"无园不山，无园不石"。假山工程是利用不同的软质、硬质材料，结合艺术空间造型所堆成的土山或石山，是自然界中山水再现于景观中的艺术工程。在大中型的假山工程中，一方面要根据假山设计图进行定点放线和随时控制假山各部分的立面形象及尺寸关系；另一方面还要根据所选用石材的形状、皴纹特点，在细部的造型和技术处理上有所创造，有所发展。小型的假山工程和石景工程有时则并不进行设计，而是直接在施工中临场发挥，一面施工，一面构思，最后就可完成假山作品的艺术创造（图1-6）。

图1-6 假山

6. 花坛砌体与挡土墙工程

（1）花坛是一种古老的花卉应用形式，源于古罗马时代的文人园林，16世纪在意大利园林中得到广泛应用，17世纪在法国凡尔赛宫中达到高潮，那时大量使用的是彩结式模纹花坛群。花坛的最初含义是在具有几何形轮廓的植床内，种植各种不同色彩的花卉，运用花托的群体效果来体现图案纹样，或观赏平面时绚丽景观的一种花卉应用形式。它以突出鲜艳的色彩或精美华丽的纹样来体现其装饰效果。

花坛的体量、大小也应与花坛设置的广场、出入口及周围建筑的高低成比例，一般不应超过广场面积的1/3，也不应小于1/5。出入口设置花坛以既美观又不妨碍游人路线为原则，在高度上不可遮住出入口视线。花坛的外部轮廓也应与建筑物边线、相邻的路边和广场的形状协调一致。色彩应与所在环境有所区别，既起到醒目和装饰作用，又与环境协调，融于环境之中，形成整体美。

※ 知识链接 🌱

花坛花卉养护与管理

作为重点美化而布置的一、二年生花卉，全年需进行多次更换，才可保持其鲜艳夺目的色彩。必须事先根据设计要求进行育苗，至含苞待放时移栽花坛，花后给予清除更换。华东地区的园林，花坛在每年4～11月保持良好的观赏效果，为此需要更换花卉7～8次；如采用观赏期较长的花卉，至少要更换5次。有些蔓性或植株铺散的花卉，因苗株长大后难移栽，还有一些是需要直播的花卉，都应先盆栽培育，至可供观赏时脱盆并植于花坛。近年来，国外普遍使用纸盆及半硬塑料盆，这给更换工作带来了很大的方便。但园林中应用一、二年生花卉做重点美化，其育苗、更换及辅助工作等还是非常费工的，不宜大量运用。球根花卉按种类不同，分别于春季或秋季栽植。由于球根花卉不宜在成生后移植或花落后即掘起，所以，对栽植初期植株幼小或枝叶稀少种类的株行间，配植一、二年生花卉，用以覆盖土面并以其枝叶或花朵来衬托球根花卉，是相互有益的。适应性较强的球根花卉在自然式布置种植时，不需要每年采收。郁金香可隔2年、水仙隔3年，石蒜类及百合类隔三、四年掘起分栽一次。在做规则式布置时可每年掘起更新。

（2）挡土墙是用来支撑路基填土或山坡土体，防止基土或土体变形失稳的一种构造物，在路基工程中，挡土墙可用以稳定路堤和路堑边坡，减少土石方工程量和占地面积，防止水流冲刷路基。另外，挡土墙还经常用于整治塌方、滑坡等路基病害（图1-7）。

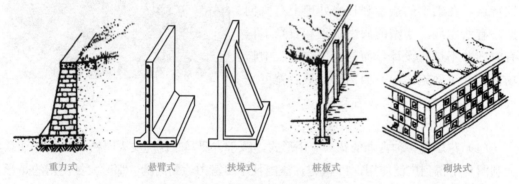

| 重力式 | 悬臂式 | 扶垛式 | 桩板式 | 砌块式 |

图1-7 挡土墙断面结构形式

7. 供电工程

园林照明除创造一个明亮的园林环境，满足夜间游园活动、节日庆祝活动及保卫工作需要等功能要求外，最重要的一点是园林照明与园林景观密切相关，是创造新园林景色的手段之一。近年来，国内各地的溶洞浏览、大型冰灯、各式灯会、各种灯光音乐喷泉，如"会跳舞的喷泉""声与光展览"等均突出地体现了园林用电的特点，并且也是充分和巧妙地利用园林照明等来创造出各种美丽的景色和意境（图1-8）。

图1-8 园林照明

【知识点思考1-1】有人说"种植20棵松树是园林施工项目"，小组讨论分析这种说法是否正确。

单元二

园林工程的施工程序和施工方式

【引言】

园林工程施工组织管理的目的就是降低投资、提高质量、提高劳动效率和经济效益、降低工程成本、缩短工期，使整个工程有方向、有方法地完成建设任务。

园林工程作为建设项目中的一个类别，它必定要遵循建设程序，即建设项目从设想、选择、评估、决策、设计、施工到竣工验收、投入使用，发挥社会效益、经济效益的整个过程，而其中各项工作必须遵循其先后次序的法则。

一、园林工程的施工程序

园林工程的施工程序是指按照园林工程建设的程序，工程进入现场施工阶段后，各过程应遵循的基本环节和步骤，是施工管理的重要依据。按施工程序进行施工，对落实施工进度、保证施工质量、加强施工安全管理、降低施工成本具有重要的作用。园林工程的施工程序一般可分为施工前的准备阶段、现场施工阶段和竣工验收阶段三部分。

1. 施工前的准备阶段
园林工程的施工首先要有一个施工准备期。准备工作完成的好坏，直接影响着工效和工程质量。在施工准备期内，施工人员的主要任务是领会图纸设计的意图、掌握工程特点、了解工程质量要求、熟悉施工现场、合理安排施工力量，为顺利完成各项施工任务做好准备工作。施工前的准备阶段一般应做好技术准备、生产准备、施工现场准备、后勤保障准备和文明施工准备五方面工作。

（1）技术准备。

1）施工技术人员要了解设计意图，熟悉施工图纸，并对工人做技术介绍。

2）对施工现场状况进行踏勘，掌握施工工地的现状，并与施工现场平面图进行对照。

3）向建设单位、设计单位索取有关技术资料，进行研究分析，找出影响施工的主要问题和难点，在技术上制定措施和对策。

4）编制施工组织设计，根据工程的技术特点，确定合理的施工组织和施工技术方案，为组织和指导施工创造条件。

5）编制施工图预算和施工预算。

（2）生产准备。

1）施工中所需的各种材料、构配件、施工机具等按计划组织到位，做好验收、入库登记等工作，组织施工机械进场，并进行安装调试工作。

2）制定工程施工所需的各类物资供应计划，如苗木供应计划、山石材料的选定和供应计划等。

3）根据工程规模、技术要求及施工期限等，建立劳动组织，合理组织施工队伍，按劳动定额落实岗位责任。

4）做好劳动力调配计划安排工作，特别是在采用平行施工、交叉施工或季节性较强的集中性施工期，应重视劳务的配备计划，避免窝工浪费和因缺少必要的工人而耽误工期的现象发生。

（3）施工现场准备。施工现场是施工生产的基地，科学布置施工现场是保证施工顺利进行的重要条件，对早日开工和正式施工有重要的作用。其基本工作一般包括以下内容：

1）对新开工的项目，应在工程施工范围内，做好施工现场的"四通一平"（水通、路通、电通、信息通和场地平整）工作。场地平整时要与原设计图的土方平衡相结合，以减少工程浪费。

2）进行施工现场工程测量，设置工程的平面控制点和高程控制点。界定施工范围，按图纸要求将建筑物、构筑物、管线进行定位放线，并制定场地排水措施。

3）结合园路、地质状况及运输荷载等因素综合确定施工用临时道路，以方便工程施工为原则。

4）拆除清理时，保护好现场的名木古树。

5）设置安排材料堆放点，搭设临时设施。在修建临时设施时，应遵循节约够用、方便施工的原则。

（4）后勤保障准备。在大批施工队伍进入现场前，应做好现场后勤（主要指职工的衣、食、住、行及文化生活）准备工作。保障职工正常生活条件，调动职工生产积极性，确保施工生产的顺利完成。

（5）文明施工准备。在正式施工前，应对参加施工的人员进行必要的质量、安全和文明施工教育，要求施工人员必须遵守操作规程及安全技术规程，在保证质量与工期的条件下安全生产。

2. 现场施工阶段

各项准备工作就绪后，就可按计划正式开展施工，即进入现场施工阶段。一般施工阶段的工作内容大致可分为按计划组织施工和对施工过程的全面控制两个方面的工作。由于园林工程的类型繁多，涉及的工程种类多且要求高，应在施工过程中随时收集有关信息，并将计划目标进行对比，即进行施工检查；根据检查的结果，分析原因，提出调整意见，拟订措施，实施调度，使整个施工过程按照计划有条不紊地进行，具体来说有以下几方面工作。

（1）平面布置与管理。由于施工现场极为复杂，而且随着施工的进展而不断地发展和变化，现场布置不应是静态的，必须根据工程进展情况进行调整、补充、修改。施工现场平面管理就是在施工过程中对施工场地的布置进行合理的调节，也是对施工总平面图全面落实的过程。现场平面管理的经常性工作主要包括以下几个方面：

1）根据不同时间和不同需要，结合实际情况，合理调整场地。

2）做好土石方的调配工作，规定各单位取弃土石方的地点、数量和运输路线等。

3）审批各单位在规定期限内，对清除障碍物、挖掘道路、断绝交通、断绝水电动力线路等的申请报告。

4）对运输大宗材料的车辆，做出妥善安排，避免拥挤、堵塞交通。

5）做好工地的测量工作，包括测定水平位置、高程和坡度，已完工程工程量的测量和竣工图的测量等。

（2）植物及建筑材料计划安排、变更和储存管理。

1）确定供料和用料目标。

2）确定供料、用料方式及措施。

3）组织材料及制品的采购、加工和储备（园林苗木的假植），做好施工现场的进料安排。

4）组织材料进场、保管及合理使用。

5）完工后及时退料、办理结算等。

（3）合同管理工作。

1）承包商与业主之间的合同管理工作。

2）承包商与分包之间的合同管理工作。

（4）施工调度工作。为能较好起到施工指挥中枢的作用，调度必须对辖区工程的施工动态做到全面掌握。对出现的情况，调度人员应首先进行综合分析，经过全盘考虑、统筹安排，然后定期或不定期地向领导提出解决已发生或即将发生的各种矛盾的切实可行的意见，供领导决策时参考，再按领导的决策意见组织实施。

1）工程进度是否符合施工组织设计的要求。

2）施工计划能否完成，是否平衡。

3）人力、物力使用是否合理，能否收到较好的经济效益。

4）有无潜力可挖，施工中的薄弱环节在哪里，已出现或可能出现哪些问题。

（5）质量检查和管理。

1）按照工程设计要求和国家有关技术规定（如施工及验收规范、技术操作规程等）对整个施工过程的各个工序环节组织工程质量检验，不合格的材料不能进入施工现场，不合格的分部、分项工程不能转入下道工序施工。

2）采用全面质量管理的方法，进行施工质量分析，找出产生各种施工质量缺陷的原因，随时采取预防措施，减少或尽量避免工程质量事故的发生，把质量管理工作贯穿工程施工全过程，形成一个完整的质量保证体系。

（6）坚持填写施工日志。施工现场主管人员要坚持填写"施工日志"。施工日志要坚持天天记，记重点和关键。工程竣工后，存入档案备查。施工日志包括施工内容、施工队组、人员调动记录、供应记录、质量事故记录、安全事故记录、上级指示记录、会议记录、有关检查记录等。

（7）安全管理。安全管理贯穿施工的全过程，交融于各项专业技术管理，关系着现场全体人员的生产安全和施工环境安全。现场安全管理的中心问题，是保护生产活动中人的安全与健康，保证生产顺利进行。现场安全管理的重点是控制人的不安全行为和物的不安全状态，预防伤害事故，保证生产活动处于最佳安全状态。现场安全管理的主要内容包括安全教育、建立安全管理制度、安全技术管理、安全检查与安全分析等。

（8）施工过程中的业务分析。为了达到对施工全过程的控制，必须进行相关业务分析，具体如下：

1）施工质量情况分析。

2）材料消耗情况分析。

3）机械使用情况分析。

4）成本费用情况分析。

5）施工进度情况分析。

6）安全施工情况分析等。

（9）文明施工。文明施工是指在施工现场管理中，按照现代化施工的客观要求使施工现场保持良好的施工环境和施工秩序。

3. 竣工验收阶段

竣工验收是施工管理的最后一个阶段，是投资转为固定资产的标志，是施工单位向建设单位交付建设项目时的法定手续，是对设计、施工、园林绿地使用前进行全面检验评定的重要环节。

验收通常是在施工单位进行自检、互检、预检、初步鉴定工程质量，在评定工程质量等级的基础上，提出交工验收报告，再由建设单位、施工单位与上级有关部门进行正式竣工验收。

（1）竣工验收前的准备。竣工验收前的最后准备，主要是做好工程收尾和整理工程技术档案工作。

（2）竣工验收的内容。竣工验收的内容有隐蔽工程验收，分部、分项工程验收，设备试验、调试和试运转验收及竣工验收等。

（3）竣工验收程序和工程交接手续。

1）工程完成后，施工单位先进行竣工验收，然后向建设单位发出交工验收通知单。

2）建设单位（或委托监理单位）组织施工单位、设计单位、当地质量监督部门对交工项目进行验收。验收项目主要有两个方面：一是全部竣工实体的检查验收；二是竣工资料验收。验收合格后，可办理工程交接手续。

3）工程交接手续的主要内容是建设单位、施工单位、设计单位在《交工验收书》上签字盖章，质监部门在竣工核验单上签字盖章。

4）施工单位以签订的交接验收单和交工资料为依据，与建设单位办理固定资产移交手续和文件规定的保修事项及进行工程结算。

5）按规定的保修制度，交工后一个月进行一次回访，做一次检修。保修期为1年，采暖工程为一个采暖期。

【知识点思考1-2】在工程开工前，进行全面的施工准备，可以避免在施工过程中出现不必要的工程损失，如某园林工程在某年4月进行施工，施工现场的土壤是黏性土，由于赶工期，施工方只对施工现场进行简单勘察就开始施工，不久就因为现场排水不畅而导致道路铺装无法进行，苗木也出现死亡现象，试分析原因。

二、园林工程的施工方式

在园林工程施工过程中，考虑园林工程的施工特点、工艺流程、资源利用、平面或空间布置等要求。施工方式可采用依次施工、平行施工、流水施工等组织方式。

1. 依次施工组织方式

依次施工组织方式是将拟建工程项目的整个建造过程分解成若干个施工过程，按照一定的施工顺序，前一个施工过程完成后，后一个施工过程才开始施工。它是一种最基本的、最原始的施工组织方式。依次施工组织方式的特点如下：

（1）由于没有充分地利用工作面去争取时间，所以工期长。

（2）工作队不能实现专业化施工，不利于改进工人的操作方法和施工机具，不利于提高工程质量和劳动生产率。

（3）工作队及工人不能连续作业。

（4）单位时间内投入的资源量比较少，有利于资源供应的组织工作。

（5）施工现场的组织、管理比较简单。

2. 平行施工组织方式

在拟建工程任务十分紧迫、工作面允许及资源保证供应的条件下，可以组织几个相同的工作队，在同一时间、不同空间中施工，这样的施工组织方式称为平行施工组织方式。

3. 流水施工组织方式

流水施工组织方式是将拟建工程项目的整个建造过程分解成若干个施工过程，也就是划分成若干个工作性质相同的分部、分项工程或工序；同时，将拟建工程项目在平面上划分成若干个劳动量大致相等的施工段；在竖向上划分成若干个施工层，按照施工过程分别建立相应的专业工作队；专业工作队按照一定的施工顺序投入施工，完成第一个施工段上的施工任务后，在专业工作队的

流水作业的起源

人数、使用的机具和材料不变的情况下，依次地、连续地投入第二、第三……直到最后一个施工段的施工，在规定的时间内，完成同样的施工任务；不同的专业工作队在工作时间上最大限度地、合理地搭接起来；当施工层各个施工段上的相应施工任务全部完成后，专业工作队依次地、连续地投入第二、第三……施工层，保证拟建工程项目的施工全过程在时间上、空间上，有节奏、连续、均衡地进行，直到完成全部施工任务。

（1）流水施工组织方式的特点。

1）科学地利用了工作面，争取了时间，使工期比较合理。

2）工作队及工人实现了专业化施工，可使工人操作技术熟练，更好地保证工程质量，提高劳动生产率。

3）专业工作队及其工人能够连续作业，使相邻的专业工作队之间实现最大限度地、合理地搭接。

4）单位时间投入施工的资源量较为均衡，有利于资源供应的组织工作。

5）为文明施工和进行现场的科学管理创造了有利条件。

（2）流水施工的技术经济效果。流水施工在工艺划分、时间排列和空间布置上的统筹安排，必然会给相应的项目经理部带来显著的经济效果，具体可归纳为以下几点。

1）由于流水施工的连续性，减少专业工作的间隔时间，达到缩短工期的目的，可使拟建工程项目尽早竣工并交付使用，发挥投资的效益。

2）便于改善劳动组织，改进操作方法和施工机具，有利于提高劳动生产率。

3）专业化的生产可提高工人的技术水平，使工程质量相应提高。

4）工人技术水平和劳动生产率的提高，可以减少用工量和施工建造量，降低工程成本，提高利润水平。

5）可以保证施工机械和劳动力得到充分、合理的利用。

6）由于工期短、效率高、用人少、资源消耗均衡，可以减少现场管理费和物资消耗，实现合理储存与供应，有利于提高项目经理部的综合经济效益。

（3）流水施工的分级。根据流水施工组织的范围划分，流水施工通常可分为以下几种：

1）分项工程流水施工也称为细部流水施工，是在一个专业工种内部组织起来的流水施工。在项目施工进度计划表上，它是一条标有施工段或工作队编号的水平进度指示线段或斜向进度指示线段。

2）分部工程流水施工也称为专业流水施工，是在一个分部工程内部、各分项工程之间组织起来的流水施工。在项目施工进度计划表上，它由一组标有施工段或工作队编号的水平进度指示线段或斜向进度指示线段来表示。

3）单位工程流水施工也称为综合流水施工，是在一个单位工程内部、各分部工程之间组织起来的流水施工。在项目施工进度计划表上，它是若干组分部工程的进度指示线段，并由此构成一张单位工程施工进度计划表。

4）群体工程流水施工也称为大流水施工，是在若干单位工程之间组织起来的流水施工，反映在项目施工进度计划上，是一张项目施工总进度计划表。

【知识点思考1-3】某小区现有一期、二期、三期项目分别进行园路施工，以每一期园路施工为一个施工段。已知园路施工都由4个施工过程组成，依次为挖土方、基础夯实、基层施工、路面铺装。各个施工过程的时间分别为3d、1d、2d、3d，施工班组的人数分别为4人、6人、4人、2人。要求采用三种不同的施工组织方式，请对比三种不同方式的特点。

※ 模块小结

本模块对园林工程基础知识、园林工程建设程序进行了较详细的阐述，具体内容包括园林工程的特点、园林工程项目组成、园林工程施工各项准备工作。通过对本模块内容的学习，学生应掌握园林工程的基本概念及项目组成，能够进行园林工程施工的准备工作。

※ 实训练习

一、选择题

1. 具有单独设计，可以独立施工，但完工后不能独立发挥生产能力或效益的工程是（　　）。

A. 建设项目　　　　　　　　B. 单位工程

C. 单项工程　　　　　　　　D. 分部工程

2. 施工准备工作的内容一般可归为（　　　）。

A.资源准备　　　　　　　　B.技术准备

C.施工现场准备　　　　　　D.季节施工准备

二、简答题

1. 简述园林工程施工的特点。

2. 施工准备工作有哪些内容?

3. 园林工程的施工程序包括哪些内容?

班级		姓名		日期	
教学项目			园林工程施工组织概论		
学习项目	学习园林工程的施工特点及主要项目			学习资源	课本、课外资料
学习目标			查阅资料并结合本模块内容，掌握园林施工各项准备工作		
其他内容					

学习记录

评语

指导教师：

班级		姓名		日期	
教学项目		园林工程施工组织概论			
学习要求		1. 了解园林工程施工的基本内容。 2. 掌握园林工程的施工程序。 3. 掌握园林工程的施工方式			
相关知识		园林工程施工方式			
其他内容		园林工程的施工程序			

学习记录

评语

指导教师:

模块二 园林工程施工与管理的准备工作

模块导入

　　在正式开始园林工程施工工作之前，需要组织安排专业人员亲赴施工现场进行勘查，依据前期设计的施工图纸来对施工现场进行初步规划。首先，施工前需要对工程所处地区地质结构情况加以了解和掌握，针对土壤层的各类性质和理化性质加以综合了解，并且判断适合种植的绿植。在施工方案制定之后要针对施工人员的工作进行合理的安排，促进施工工作效率的提升。其次，负责施工项目管理的工作人员要具备良好的专业能力和综合素质，对所有施工人员的工作进行细致划分，为后续各项施工工作的有序开展打下良好的基础。最后，还要结合工程的相关要求标准，对施工材料有一个合理的规划和调整。此外，在施工之前，还要确保施工机械设备和车辆的顺利运行，为工程施工的顺利开展奠定基础。

知识目标

1. 了解园林工程施工准备工作的任务。
2. 了解园林工程施工准备工作的重要性。
3. 掌握园林工程施工准备工作的内容。
4. 掌握园林工程季节性施工准备的方法。

1. 能进行园林工程施工准备工作。
2. 能编制园林工程施工准备工作计划。
3. 能进行园林工程季节性施工准备工作。

1. 培养自主学习、与人合作探究的团队协作精神。
2. 具备良好的职业道德和职业素养。
3. 具备诚实守信、爱岗敬业、遵纪守法的职业精神。
4. 培养一丝不苟、精益求精的大国工匠精神。

单元一

施工准备工作的任务与重要性

【引 言】

良好的开端是成功的一半，园林工程的施工准备是园林工程建设顺利进行的必要前提和根本保证。本单元作为园林工程施工的基础内容，主要介绍施工准备的重要性、主要内容及临时设施类型等。通过学习本单元的内容，学生可以对施工准备有初步的认识和了解。

施工准备工作就是指工程施工前所做的一切工作。它不仅要在开工前做，在开工后也要做，它有组织、有计划、有步骤、分阶段地贯穿整个工程建设的始终。认真细致地做好施工准备工作，对充分发挥各方面的积极因素，合理利用资源，加快施工速度、提高工程质量、确保施工安全、降低工程成本及获得较好经济效益都起着重要的作用。

一、施工准备工作的任务

园林工程施工准备工作的任务包括技术准备、原始资料的调查与分析、编制施工图预算和施工预算、物资准备、人员准备、施工现场准备，以及做好冬期、雨期施工安排，保护、保存树木等。

> 【特别提示】各项施工准备工作不是分离的、孤立的，而是互为补充、相互配合的。为了提高施工准备工作的质量，加快施工准备工作的进度，就必须加强建设单位、设计单位和施工单位之间的协调工作，建立健全施工准备工作的责任制度和检查制度，使施工准备工作有领导、有组织、有计划、分期分批地进行，并贯穿施工全过程。

二、施工准备工作的重要性

园林工程建设是人们创造物质财富的同时创造精神财富的重要途径。园林建设发展到今天其含义和范围有了全新的拓展。建设工程项目总的程序是按照决策（计划）、设计和施工三个阶段进行。施工阶段又可分为施工准备、项目施工、竣工验收、养护管理等阶段。由此可见，施工准备工作的基本任务是为拟建工程的施工提供必要的技术和物质条件，统筹安排施工力量和施工现场。同时，施工准备工作还是工程建设顺利进行的根本保证。因此，认真做好施工准备工作，对于企业优势、资源的合理利用，加快施工进度，提高工程质量，降低工程成本，增加企业利润，赢得社会信誉，实现企业现代化管理具有十分重要的意义。实践证明，凡是重视施工准备工作，积极为拟建工程创造一切施工条件的，项目的施工就会顺利进行；反之，就会给项目施工带来麻烦或不便，甚至造成无法挽回的损失。

园林施工组织设计是施工前的必须环节，是施工准备的核心内容，是有序进行施工管理的开始和基础。其具有以下几个方面的作用：

（1）实行科学管理的重要手段，组织现场施工的技术性和法律保障性文件。编制施工组织设计，可以预计施工过程中可能发生的各种情况，事先做好准备、预防。为园林工程企业实施施工准备工作计划提供依据；可以把施工项目的设计与施工、技术与经济、前方与后方和建筑业的全部施工安排与具体的施工组织工作紧密地结合起来；可以把直接参加的施工单位与协作单位、部门与部门、阶段与阶段、过程与过程之间的关系更好地协调起来。

园林工程施工组织设计的分类

（2）实现项目施工管理人员、基层劳动力、材料、机械设备、资金等要素的优化配置。

1）依据施工组织设计，园林施工企业可以提前掌握人力、材料和用具使用上的先后顺序，全面安排资源的供应与消耗。

2）可以合理地确定临时设施的数量、规模和用途，以及临时设施、材料和机具在施工场地上的布置。

3）使指导施工全过程符合设计要求，完成工期、进度、质量等目标，有力保证园林景观的效果。

4）通过制定科学合理的施工方法和施工技术，确保施工顺序，保证项目顺利开展，体现施工的连续性。

5）协调各方关系，统筹安排各个施工环节，预计和调控施工过程中可能会出现的各种情况，做到事先准备，有效预防，措施得力。

※ 知识链接

园林工程施工准备工作的分类

园林工程施工准备工作可以按照范围和施工阶段不同分类。

（1）按范围不同分类。

1）全场性施工准备。

2）单位工程施工准备。

3）分部分项工程施工准备。

（2）按施工阶段的不同分类。

1）开工前的施工准备。开工前的施工准备是在拟建工程正式开工之前所进行的一切施工准备工作。其目的是为拟建工程正式开工创造必要的施工条件。

2）各施工阶段前的施工准备。各施工阶段前的施工准备是在拟建工程开工之后，每个施工阶段正式开工之前所进行的一切施工准备工作。其目的是为施工阶段正式开工创造必要的施工条件。

【知识点思考 2-1】施工图设计是解决造什么样的建筑物产品的问题，施工组织设计是解决如何建造建筑物产品的问题，这种说法正确吗？

单元二

施工准备工作的内容

【引 言】

由于完成一项建筑产品的施工任务需要的因素多而且复杂，因此，对施工前的准备工作，必须细致、认真地进行。否则，开工后会造成人力、物力的浪费，甚至会使施工停滞。

一、调查研究与收集资料

为了做好施工准备工作，除了要掌握有关拟建工程的书面资料外，还应该对拟建工程进行实地勘测，获得第一手资料，这对拟订一个合理、切合实际的施工组织设计是非常必要的，因此，应该做好以下两方面的调查研究和资料分析。

1. 自然条件分析

自然条件主要包括工程区气候、土壤、水文、地质等，尤其是对于园林绿化工程，充分了解和掌握工程区的自然条件是必要的。

2. 技术经济条件调查分析

技术经济条件调查分析的内容包括：地上建筑与园林施工企业的状况；施工现场的动迁状况；当地可利用的地方资料状况；建材、苗木供应状况；地方能源、运输状况；劳动力和技术水平状况；当地生活供应、教育和医疗状况；消防、治安状况和参加施工单位的力量状况。

二、技术准备

技术准备是核心，因为任何技术的差错或隐患都可能引发人身安全和工程质量事故。

（1）认真做好扩大初步设计方案的审查工作。园林工程施工任务确定以后，应提前与设计单位沟通，掌握扩大初步设计方案的编制情况，使方案的设计在质量、功能、艺术性等方面均能适应当前园林建设发展水平，为其工程施工扫除障碍。

（2）熟悉和审查施工工程图纸。园林建设工程在施工前应组织有关人员研究熟悉设计图纸的详细内容，以便掌握设计意图，确认现场状况以便编制施工组织设计，提供各项依据。审查工程施工图纸通常按图纸自审、会审和现场签证三个阶段进行。

1）图纸自审由施工单位主持，并要求写出图纸自审记录。

2）图纸会审由建设单位主持，设计单位和施工单位共同参加，并应形成"图纸会审纪要"，由建设单位正式行文、三方面共同会签并盖公章，作为指导施工和工程结算的依据。

3）图纸现场签证是在工程施工中，依据技术核定和设计变更签证制度的原则，对所发现的问题进行现场签证，并以此作为指导施

园林工程施工
预算

工、竣工验收和结算的依据。

（3）原始资料调查分析。原始资料调查分析不仅要对工程施工现场所在地区的自然条件、社会条件进行收集，整理分析和不足部分补充调查，还包括工程技术条件的调查分析。调查分析的内容和详尽程度以满足工程施工要求为准。

（4）编制施工图预算和施工预算。园林建设工程在施工前应熟悉设计图纸的详细内容，以便掌握设计意图，确认现场状况，编制施工组织设计，为工程施工提供各种依据。

> **【特别提示】**在研究图纸时，需要特别注意的是特殊施工说明书的内容、施工方法、工期及所确认的施工界限等。

1）施工图预算应按照施工图纸所确定的工程量、施工组织设计拟订的施工方法、建设工程预算定额和有关费用定额，由施工单位编制。施工图预算是建设单位和施工单位签订工程合同的主要依据，是拨付工程价款和竣工决算的主要依据，也是实行招标投标和工程建设包干的主要依据，还是施工单位安排施工计划、考核工程成本的依据。

2）施工预算是施工单位内部编制的一种预算。它是在施工图预算的控制下，结合施工组织设计的平面布置、施工方法、技术组织措施及现场施工条件等因素编制而成的。施工图预算应根据施工单位按照施工图纸所确定的工程量、施工组织设计拟订的施工方法、建筑工程预算定额和有关费用定额编制。

（5）编制施工组织设计。拟建的园林建设工程应根据其规模、特点和建设单位要求，编制指导该工程施工全过程的施工组织设计。

三、施工现场准备

大、中型的综合园林工程建设项目应做好完善的施工现场准备工作。

（一）施工现场控制网测量

施工现场控制网测量是根据给定永久性坐标和高程，按照总平面图的要求进行施工场地控制网的测量，设置场区永久性控制测量标桩，并且对施工现场做补充勘探。

> **【特别提示】**对施工现场做补充勘探是为了进一步寻找隐蔽物。对于城市园林建设工程，尤其要清楚地下管线的布局，以便及时拟订处理隐蔽物的方案和措施，为基础工程的施工创造条件。

（二）做好"四通一平"

做好"四通一平"，即确保施工现场水通、电通、道路通、通信畅通和场地平整，还应按消防要求设置足够数量的消火栓。园林工程建筑中的场地平整要因地制宜，合理利用竖向条件，既要便于施工，减少土方搬运量，又要保留良好的地形景观，创造立体景观效果。

（三）建造临时设施

为了满足工程项目施工需要，在工程开工之前，要按照工程项目施工准备工作计划的要求，建造相应的临时设施，为工程项目创造良好的施工条件。临时设施工程也称暂设工程。在施工结束之后就要拆除，其投资有效时间是短暂的，因此，在组织工程项目施工时，对暂设工程和大型临时设施的用途、数量和建造方式等方面，要进行技术经济方面的可行性研究，要做到在满足施工需要的前提下，使其数量和造价最低。这对于降低工程成本和减少施工用地都是十分重要的。

1. 施工平面图

暂设工程的类型和规格因园林建设工程规模的不同而异，但其布局的合理性主要通过施工总平面图的设计来实现。

施工总平面图是拟建项目施工场地的总布置图。它按照施工方案和施工进度的要求，对施工现场的道路交通、施工房屋设施、工地供水、供电设施及临时通信设施等做出合理的规划和布置，从而正确地处理了全工地施工期间所需各项临时设施和拟建园林工程之间的空间关系。通常，施工总平面图中标注了各拟建工程的位置和尺寸。

2. 临时设施

（1）施工房屋设施。房屋设施一般包括工地加工厂、工地仓库、办公用房（含施工指挥部、办公室、项目部、财务室、传达室、车库等）及居住生活用房等。

（2）工地运输。工地运输方式有铁路运输、水路运输、汽车运输和非机动车运输等。在园林施工中主要以汽车运输为主，要修建能够承载重车辆的临时道路。

（3）工地供水。施工工地临时供水主要包括生产用水、生活用水和消防用水三种。需要根据用水的不同要求选择水源和确定用水量，铺设临时用水管道。

（4）工地供电。工地临时供电组织包括计算用电总量、选择电源、确定变压器和导线截面面积，并布置配电线路。

（5）临时通信设施。现代施工企业为了快捷地获取信息，提高办事效率，还在一些稍大的施工现场配备了固定电话、计算机等设备。

（四）安装调试施工机具

根据施工机具需求计划，按施工平面图的要求，组织施工机械、设备和工具进场，按规定地点和方式存放，并应进行相应的保养和试运转等。

（五）组织施工材料进场

根据各项材料需要量计划组织其有序进场，按规定地点和方式存货堆放；植物材料一般应随到随栽，不需提前进场，若进场后不能立即栽植的，要选择好假植地点，严格按假植技术要求，认真假植并做好养护工作。

（六）做好季节性施工准备

按照施工组织设计要求，认真落实雨期施工和高温季节施工项目的施工设施和技术组织措施。

四、物资准备

园林建设工程物资准备工作内容包括土建材料准备、绿化材料准备、构（配）件和制品加工准备、园林施工机具准备四部分。

五、施工现场人员准备

（1）确定的施工项目管理人员应是有实际工作经验和相应资质证书的专业人员。
（2）有能指导现场施工的专业技术人员。
（3）各工种应有熟练的技术工人，并应在进场前进行有关的技术培训和入场教育。

【特别提示】园林工程施工准备工作除上述环节外，还应该综合考虑对施工现场的协调。

（1）材料选购、加工和订货根据各项材料需要量计划，同建材生产加工、设备设施制造、苗木生产单位取得联系，签订供货合同，保证按时供应。植物材料因为没有工业产品的整齐划一，所以，要去多家苗圃仔细选择符合设计要求的优质苗木。对于园林中特殊的景观材料（如山石等），则需要事先根据设计需要进行选择以备用。

（2）施工机具租赁或订购对于本单位缺少且需用的施工机具，应根据需要量计划，同有关单位签订租赁合同或订购合同。

（3）选定转包、分包单位，并签订合同理顺转、分、承包的关系，但应防止将整个工程全部转包的方式。

【知识点思考2-2】单位工程施工组织设计的核心是什么？分小组讨论。

单元三

季节性施工准备

【引言】

　　季节性施工是指工程建设中按照季节的特点进行相应的建设。考虑到自然环境具有不利于施工的因素存在，因此应该采取相应措施来避开或者减弱其不利影响，这样才能保证工程质量、工程进度、工程费用、施工安全等各项均达到设计或规范要求。

一、雨期施工准备

　　1. 土建工程施工准备

　　（1）雨期施工前，应根据现场和工程进展情况制定雨期施工阶段性计划，并提交监理工程师审批后实施。

　　（2）雨期施工时，现场周围做好排水沟，边坡上做截水沟，现场排水系统应贯通，并派专人进行疏通，保证排水沟畅通。

　　（3）道路出入口做泛水，防止地面水流入，保证施工场地不积水，潮汛季节随时收听气象预报，配备足够的抽水设备及防台防汛的应急材料。

　　（4）做好防雷、防电、防漏工作，保证施工正常进行。

　　（5）混凝土浇捣时，必须事先注意天气情况，尽量避开雨天，若为不得已情况，必须做好防雨措施，预备好足够的活动防雨棚，准备好薄膜、油布等。必要时需严格按施工规范允许的方式、方法，留置施工缝，事后应按规定要求处理施工缝，再进行续浇混凝土。

　　（6）若雨期必须连续施工的混凝土工程，应有可靠的防雨措施，备足防雨物资，加强计量测试工作，及时正确地测定砂石含水量，从而调整配合比，确保混凝土施工质量。

　　（7）雨期前应组织有关人员对现场设施、机电设备、临时线路等进行检查，针对检查出的具体问题，应采取相应措施，及时整改。

　　2. 园林工程施工准备

　　雨期施工应密切注意天气预报，提前对乔木进行固定，同时组织抢险队伍，准备足够的防雨器材和工具，对施工区域的所有高大乔木增加临时固定措施，一旦出现倒伏、影响交通的马上打桩扶正固定，对建筑物可能造成危害的及时移走，要确保道路不因树木倒伏而受阻，当绿地内发生积水成涝时，及时疏通排水沟，并用水泵及时排水。

二、暑期施工准备

（1）认真做好测温工作，加强气象台联系，及时了解近期天气预报，并组织收听每天的天气预报，做到有备无患。

（2）做好夏期施工各种化学外加剂的采购和保管工作，并做好外加剂的配合比、计量工作。

（3）做好暑期施工的安全生产教育和交底工作，并制定暑期施工安全措施，对各种机械做好防暑工作和定期检修，保持机械性能完好。

（4）对苗木等必须做到随起挖、随栽植，环环紧扣，尽可能缩短施工时间，栽植后及时淋水，并经常进行叶面喷水，高温、强阳光时要采取防日灼措施，提高苗木成活率。

（5）施工根据具体情况合理组织劳动力和机械设备。合理调整作业时间，尽量避让中午高温气候。

（6）施工现场因地制宜，搭设休息凉棚。

三、冬期施工准备

1．气象资料

当冬天来临时，如果连续 5 d 的日平均气温稳定在 5 ℃以下，则 5 d 中的第一天为进入冬期施工的初日；当气温转暖时，最后一个 5 d 的日平均气温稳定在 5 ℃以下，则此 5 d 的最后一天为冬期施工的终日。

2．图纸准备

凡进行冬期施工的工程项目，必须复核施工图纸，核对其是否能适应冬期施工要求，部分重大问题应通过图纸会审解决。

3．现场准备

（1）根据实际工程量提前组织有关机具、外加剂和保温材料进场。

（2）对各种加热的材料、设备要检查其安全可靠性。

（3）工地临时供水管道等要做好保温防冻工作。

（4）做好冬期施工混凝土、砂浆及掺外加剂的试配试验工作，提出最优施工配合比。

4．安全与防火

（1）冬期施工时，施工地面要采取防滑措施。

（2）大雪后必须将架子上的积雪清扫干净，并检查施工区域，发现问题，及时处理。

（3）施工时如接触热源，要防止烫伤。

（4）使用氯化钙等时要防止其腐蚀皮肤。另外，亚硝酸钠有剧毒，要严加保管，防止发生误食中毒事故。

（5）现场火源，要加强管理；使用煤气，要防止发生煤气中毒、爆炸，应注意通风换气。

（6）电源开关、控制箱要加锁，并设专人管理，防止发生漏电触电事故。

【知识点思考 2-3】分小组探讨冬期施工选择哪种类型的混凝土比较有利。

单元四

编制施工准备工作计划

【引　言】

施工准备工作计划是为满足工程开工施工的需要而组织有关部门限期完成各项准备工作而编制的计划。施工准备工作是保证建筑工程按计划开工施工直至竣工的基础工作，起着为施工"开路"的作用，对保证工期、提高工程质量、降低工程成本具有重要意义。

※ 实际案例

某小区园林绿化工程施工准备工作计划

工程项目施工准备可分为技术准备、物资准备、劳动力组织准备和施工现场准备。为了落实各项施工准备工作，加强对其检查，必须根据各项施工准备的内容、时间和人员来编制施工准备工作计划（表 2-1）。

表 2-1　施工准备工作计划

序号	准备项目	内容	时间 /d	责任部门
1	建立施工组织机构	成立项目经理部、明确岗位责任	1	公司
2	熟悉审查施工图	熟悉审查施工图样，了解设计目的，设计专图	2	项目经理部、设计部
3	编写施工图预算	计算工程量及取费	1	计财部
4	编写施工组织设计	确定施工方案和技术措施	3	施工技术部
5	图样会审	审查全部施工图	1	施工技术部
6	现场平面布置	按总平面图布置水、电及临时设施，材料堆场	3	项目经理部
7	现场定位放线	点线复核，建立平面定位控制网	3	项目经理部
8	主要机具进场	机械设备进场到位	1	项目经理部
9	主要材料进场	急用材料进场	2	项目经理部

序号	准备项目	内容	时间/d	责任部门
10	劳动力进场	组织劳动力陆续进场、进行三级安全技术教育	2	项目经理部
11	进度计划交底	总进度安排及明确各部门的任务和期限	2	项目经理部
12	质量安全交底	明确质量等级特殊要求，加强安全劳动保护	3	项目经理部

※ 模块小结

　　本模块主要介绍了园林工程施工准备工作的任务和重要性，学生学习后可以切实认识到认真做好施工准备工作对于园林工程有序施工具有十分重要的意义。介绍了施工准备工作的详细内容，培养学生编制实际工程施工准备方案的能力；介绍了园林工程雨期施工准备、夏期施工准备和冬期施工准备的相关内容，培养学生对园林工程季节性施工的组织能力。

※ 实训练习

一、选择题

1. 园林工程施工准备工作按范围分类不包括（　　）。

　　A. 全场性施工准备　　　　　　　　B. 单位工程施工准备

　　C. 分部分项工程施工准备　　　　　D. 开工前施工准备

2. 园林工程建设施工准备工作比一般工程要（　　）。

　　A. 复杂多样　　　　　　　　　　　B. 简单省力

　　C. 简单　　　　　　　　　　　　　D. 成本低

3. 施工现场的"四通一平"包括（　　）。

　　A. 水通、路通、电通、信息通和场地平整

　　B. 水通、路通、电通、信息通和道路平直

　　C. 水通、路通、电通、气通和办公场地平整

　　D. 水通、路通、电通、气通和道路平整

4. 进入冬期施工的标志是（　　）。

　　A. 冬季施工　　　　　　　　　　　B. 室外温度低于 5 ℃

　　C. 室外温度连续 5 d 低于 5 ℃　　　D. 室外温度连续 5 d 低于 –5 ℃

二、简答题

1. 简述园林工程施工准备工作的任务。

2. 简述园林工程施工准备工作的重要性。

3. 简述园林工程施工准备的内容。

4. 简述园林工程季节性施工准备工作。

班级		姓名		日期	
教学项目			园林工程施工与管理的准备工作		
学习项目	1. 了解园林工程施工程序 2. 掌握园林工程施工前准备工作的内容 3. 掌握园林工程施工准备工作计划的编制		学习资源	课本、课外资料	
学习目标			查阅资料并结合本模块内容，掌握园林工程施工与管理的准备工作		
其他内容					
学习记录					
评语					
指导教师：					

班级		姓名		日期	
教学项目			园林工程施工与管理的准备工作		
学习要求			1.了解园林工程施工准备工作的任务。 2.了解园林工程施工准备工作的重要性。 3.掌握园林工程施工准备工作的内容。 4.掌握园林工程季节性施工准备		
相关知识			施工准备工作 季节性施工准备工作		
其他内容			施工准备方案		

学习记录

评语

指导教师：

模块三 园林工程施工组织设计

模块导入

园林工程施工组织设计是施工前的必需环节，是贯穿整个园林工程施工的轴线。在实际的园林工程中，施工组织设计不是可有可无的装饰品，而是任何一项工程施工必不可少的程序。园林工程施工组织设计是指导拟建工程进行施工准备和组织实施施工的基本技术经济文件。结合园林工程的特点和施工组织管理的实际，编制好园林工程施工组织设计可以反映企业的竞争优势。

知识目标

1. 理解园林工程施工组织设计的编制原则、依据。
2. 了解园林工程施工组织设计的基本内容及编制注意事项。
3. 熟悉园林工程施工方案的编制原则及内容。
4. 掌握园林工程施工组织设计的流程和编制。

能力目标

1. 能结合相关专业知识进行一般园林工程施工组织设计的编制。
2. 能进行园林工程施工组织设计的编制。

1. 培养分析、解决园林工程施工全过程管理中有关实际问题的综合素质与能力。
2. 培养敬业精神及职业道德。

单元一

园林工程施工组织设计认知

【引 言】

施工组织设计是以施工项目为对象编制的，用以指导施工的技术、经济和管理的综合性文件。施工组织设计按编制对象可分为施工组织总设计、单位工程施工组织设计和施工方案。

施工组织设计
制度的发展

园林工程一般包括土建和绿化两大部分，是一项多工种之间协同工作的综合性工程。无论是综合性园林工程还是单纯的绿化工程，施工组织设计在项目实施和施工管理中都具有重要的作用。尤其是一些政府指令性工程，不但工期紧、任务重，有时还是反季节施工。所以，科学、合理地编制施工组织设计就显得尤为重要。

一、园林工程施工组织设计的分类

园林工程不是单纯的栽植工程，而是一项与土木、建筑等其他行业协同工作的综合性工作，因而，精心做好施工组织设计是施工准备的核心。

园林工程施工组织设计是以整个工程或若干单项工程为对象编写的用以指导工程施工的技术性文件。其核心内容是如何科学、合理地安排好劳动力、材料、设备、科学和施工方法这五个主要的施工因素。根据园林工程的特点和要求，以先进的、科学的施工方法与组织手段使人力和物力、时间和空间、技术和经济、计划和组织等诸多因素合理优化配置，从而保证施工任务依质量要求按时完成。

园林工程施工组织设计要充分考虑施工的具体情况，完成以下四部分内容：一是依据施工条件，拟定合理施工方案，确定施工顺序、施工方法、劳动组织及技术措施等；二是按施工进度搞好材料、机具、劳动力等资源配置；三是根据实际情况布置临时设施、材料堆置及进场实施；四是通过组织设计协调好各方面的关系，统筹安排各个施工环节，做好必要的准备和及时采取相应的措施确保工程顺利进行。

在实际工作中，园林工程施工组织设计一般可分为中标后施工组织设计和投标前施工组织设计两大类。

【特别提示】若干个分项工程组成一个分部工程，若干个分部工程组成一个单位工程，若干个单位工程构成一个单项工程，若干个单项工程构成一个建设项目（图3-1）。另外，一个简单的建设工程项目也可能由一个单项工程组成。

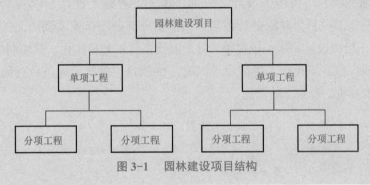

图3-1　园林建设项目结构

1. 投标前施工组织设计

投标前施工组织设计是作为编制投标书的依据，与前述的中标后施工组织设计有所不同，其目的是中标。投标前施工组织设计的主要内容如下：

园林工程建设
生产阶段划分

（1）施工方案、施工方法的选择，关键部位、工序采用的新技术、新工艺、新机械、新材料，以及投入的人力、机械设备等。

（2）施工进度计划，包括网络计划、开竣工日期及说明。

（3）施工平面布置，水、电、路、生产、生活用施工设施的布置，用以与建设单位协调用地。

（4）保证质量、进度、环保等项计划和措施。

（5）其他有关投标和签约的措施。

2. 中标后施工组织设计

中标后施工组织设计一般可分为施工组织总设计、单项（位）工程施工组织设计和分部（项）工程施工设计。

（1）建设项目施工组织总设计。建设项目施工组织总设计是以一个园林建设项目为对象进行编制，用以指导其建设全过程各项全局施工活动的技术、经济、组织、协调和控制的综合性文件。它是整个施工项目的战略部署，其编制范围广，内容比较概括。在项目初步设计或扩大初步设计批准、明确承包范围后，由施工项目总包单位的总工程师主持，会同建设单位、设计单位和分包单位的负责工程师共同编制，它是编制单项（位）工程施工组织设计或年度施工规划的依据。

（2）单项（位）工程施工组织设计。单项（位）工程施工组织设计是以一个园林施工中的分项工程为对象进行编制的文件。它是建设项目施工组织总设计或年度施工规划的具体化，其编制内容更详细。它是在项目施工图纸完成后，在项目经理组织下，由项目工程师负责编制，作为编制分部（项）工程施工设计或（月）度施工计划的依据。

（3）分部（项）工程施工设计。分部（项）工程施工设计是以一个分部（项）工程或冬雨期施工项目为对象进行编制，用以指导其各项作业活动的文件。它是单项（位）工程施工组织设计和承包单位季（月）度施工计划的具体化。其编制内容更具体，是在编制单项（位）工程施工组织设计同时，由项目主管技术人员负责编制、作为指导该项目具体专业工程施工的依据。

【知识点思考 3-1】园林工程施工组织设计是一个总体的概念，由于编制阶段、编制时间和编制对象范围，在编制深度和广度上也有所不同。请结合本知识点内容，试述园林工程施工组织设计的分类。

二、园林工程施工组织设计的作用

园林工程施工组织设计是以园林工程项目为对象进行编制的，用来指导施工项目建设全过程中各项施工活动的技术、经济、组织、协调和控制的综合性文件。它是根据国家或建设单位对施工项目的要求、设计图样和编制施工组织设计的基本原则，从施工项目全过程中的人力、物力和空间三个因素着手。在人力与物力、主体与辅助、供应与消耗、生产与储存、专业与协作、使用与维修和空间布置与时间排列等方面进行科学、合理的部署，为施工项目产品生产的节奏性、均衡性和连续性提供最优方案，从而以最小的资源消耗取得最大的经济效果，使最终项目产品的生产在时间上达到速度快和工期短的目标，在质量上达到精度高和功能好的目标，在经济上达到消耗少、成本低和利润高的目标。

园林工程施工组织设计是施工前的必要环节，是施工准备的核心内容，是有序进行施工管理的开始和基础。其具有以下几个作用。

（1）它是实行科学管理的重要手段，组织现场施工的技术性文件。通过施工组织设计的编制，施工企业可以预计施工过程中可能发生的各种情况，事先做好准备、预防。园林工程施工组织设计为园林工程企业实施施工准备工作计划提供依据；可以把施工项目的设计与施工、技术与经济、前方与后方和建筑业的全部施工安排与具体的施工组织工作紧密地结合起来；可以把直接参加的施工单位与协作单位、部门与部门、阶段与阶段、过程与过程之间的关系更好地协调起来。

（2）实现项目施工管理人员、基层劳动力、材料、机械设备、资金等要素的优化配置。

1）依据施工组织设计，园林施工企业可以提前掌握人力、材料和用具使用上的先后顺序，全面安排资源的供应与消耗。

2）可以合理地确定临时设施的数量、规模和用途，以及临时设施、材料和机具在施工场地上的布置。

3）使指导施工全过程符合设计要求，完成工期、进度、质量等目标，体现园林的景观效果。

4）通过制定科学合理的施工方法和施工技术，来确保施工顺序，保证项目顺利开展，体现施工的连续性。

5）协调各方关系，统筹安排各个施工环节，预计和调控施工过程中可能会发生的各种情况，做到事先准备，有效预防，措施得力。

【知识点思考 3-2】上海某花园住宅绿化景观工程绿化面积为 2.03 万 m^2，分三部分，内环以中心广场绿化为主，配植大量景观树，内环至建筑物中间以景观树及大片草坪为主，建筑环外以自然生态林为主。本工程为高层小区配套绿化，工程位于市中心，施工环境复杂，且周围居民对文明施工、安全施工、环保、市政建设规范等均有较高要求；同时，还需要考虑周边交通压力，而且对如何控制及做好安全保护工作的要求也远远高于其他绿化工程。试结合本案例分析园林工程施工组织设计的作用。

三、园林工程施工组织设计的原则

施工组织设计是施工管理全过程中的重要经济技术文件，内容上要注重科学性和实用性。一方面，要遵循施工规律、理论和方法；另一方面，应吸收多年来类似工程施工中积累的成功经验，集思广益，逐步完善。因此，在编制施工组织计划时应遵循以下原则。

（1）遵循国家相关法律法规和方针政策的原则。国家政策和法规对施工组织设计的编制影响大、导向性，在编制时要能够做到熟悉并严格遵守。例如《中华人民共和国民法典》《中华人民共和国环境保护法》《中华人民共和国森林法》《园林绿化管理条例》《园林绿化工程施工及验收规范》（CJJ 82—2012）和《环境卫生实施细则》等。

（2）符合园林工程特点，体现园林综合艺术的原则。园林工程大多是综合性工程，植物材料是其中必不可少的重要组成部分，因其生长发育和季节变化的特点，施工组织设计的制定要密切配合设计图纸，不得随意变更和更改设计内容，只有符合原设计要求，才能达到体现景观意图和景观效果的目的。同时，还应对施工中可能出现的其他情况拟订防范措施。只有吃透图纸，熟识造园手法，采取有针对性的措施，编制出的施工组织设计才能符合施工要求。

（3）遵循园林工程施工工艺，合理选择施工方案的原则。园林绿化工程与市政建筑类工程在施工工序上有着共同的特性：先进行全场性的工程施工，再进行单项工程的施工，即先土建，后绿化；在绿化施工中，先乔木，后灌木，再进行地被和草坪的施工。

各单位工程间的施工注意相互衔接，减少各工程在时间上的交叉冲突。关键部位采用国内外先进的施工技术，选择科学的组织方法和合理的施工方案，有利于改善园林绿化施工企业和工程项目部的生产经营管理素质，提高劳动生产率，提高工程文明施工程度，保证工程质量，缩短工期，降低施工成本。总之，在编制施工组织设计时，要以获得最优指标为目的，努力达到"五优"标准，即所选择的施工方法和施工机械最优、施工进度和施工成本最优、劳动资源组织最优、施工现场调度组织最优和施工现场平面布置最优。

（4）采用流水施工方法和网络计划技术，保持施工的节奏性、均衡性和连续性原则。流水施工方法具有专业性强、劳动效率高、操作熟练、工程质量好、生产节奏性强、资源利用均衡、作业不间断、能够缩短工期、降低成本等特点。国内外经验证明，采用流水施工方法组织施工，不仅能保持施工的节奏性、均衡性和连续性，还能带来很大的技术经济效益。

（5）坚持安排周密而合理的施工计划，加强成本核算，科学布置施工平面图的原则。施工计划产生于施工方案确定后，是根据工程特点和要求安排的，是施工组织设计中极重要的组成部分。周密而合理的施工计划能避免工序重复或交叉，有利于各项施工环节的把关，消除窝工、停工等现象。

另外，园林绿化工程的特性一般为工期较短，施工时效快。因此，在编制施工组织设计时，要充分利用固有设施，减少临时性设施的投入，临时设施可采用再用性移动用房；园林绿化苗木、各种物资材料、机械设备的供应情况以节约为原则，一般实行有计划采购，而不采用物资储备方式；土方工程要求就地取土或选择最佳的运输方式、工具和线路，减少运输量上的成本支出。科学合理地布置施工平面图，有利于减少施工用地的占据，方便施工，降低工程成本。

（6）确保施工质量和施工安全，重视园林工程收尾工作的原则。由于施工质量直接影响工程质量，必须引起高度重视，要求施工必须一丝不苟。施工组织设计中应针对工程实际情况，制定出切实可行的保证措施。"安全为了生产，生产必须安全"，施工中必须切实注意安全，要制定施工安全操作规程及注意事项，搞好安全教育，加强安全生产意识，采取有效措施作为保证。与此同时，还应根据需要配备消防设备，做好防范工作。

园林工程的收尾工作是施工管理的重要环节，但有时往往难以引起人们的注意，导致其不能及时完成，造成资金积压，增加成本，造成浪费。因此，应十分重视收尾工程，尽快进行竣工验收，以便交付使用。

> 【特别提示】冬季寒流侵袭会给树木带来危害，一般可通过培土、覆盖、设风障加以保护。新种的树木（特别是行道）要加上支柱或用绳索扎缚牢固。此外，在人流比较集中或其他易受人为、禽畜破坏的区域，要做好宣传教育工作，以防树木被破坏。

单元二

园林建设项目施工组织总设计

【引　言】

园林建设项目施工组织总设计是以整个园林建设项目为编制对象，根据初步设计或扩大初步设计图纸及其他有关资料和现场施工条件而编制的，对整个建设项目进行全盘规划，用以指导全场性的施工准备工作和组织全局性施工的综合性技术经济文件。

一、园林建设项目施工组织总设计编制依据

园林建设项目施工组织总设计编制依据见表 3-1。

表 3-1　园林建设项目施工组织总设计编制依据

1. 园林建设项目基础文件	（1）建设项目可行性研究报告及其批准文件。 （2）建设项目规划红线范围和用地批准文件。 （3）建设项目勘察设计任务书、图纸和说明书。 （4）建设项目初步设计或技术设计批准文件，以及设计图纸和说明书。 （5）建设项目总概算、修正总概算或设计总概算。 （6）建设项目施工招标文件和工程承包合同文件

2．工程建设政策、法规和规范资料	（1）关于工程建设报建程序有关规定。 （2）关于动迁工作有关规定。 （3）关于园林工程项目实行施工监理有关规定。 （4）关于园林建设管理机构资质管理的有关规定。 （5）关于工程造价管理有关规定。 （6）关于工程设计、施工和验收有关规定
3．建设地区原始调查资料	（1）地区气象资料。 （2）工程地形、工程地质和水文地质资料。 （3）土地利用情况。 （4）地区交通运输能力和价格资料。 （5）地区绿化材料、建筑材料、构配件和半成品供应状况资料。 （6）地区供水、供电、供热和电信能力和价格资料。 （7）地区园林施工企业状况资料。 （8）施工现场地上、地下的现状，如水、电、电信、煤气管线等状况
4．类似施工项目经验资料	（1）类似施工项目成本控制资料。 （2）类似施工项目工期控制资料。 （3）类似施工项目质量控制资料。 （4）类似施工项目技术新成果资料。 （5）类似施工项目管理新经验资料

【知识点思考 3-3】结合本知识点相关内容及工程建设政策、法规、规范资料，以小组形式查询相关规范并列举出至少 5 个，如《园林绿化工程施工及验收规范》（CJJ 82—2012）和《园林工程质量检验评定标准》（DG/TJ 08—701—2000）等。

二、园林建设项目施工组织总设计编制程序

园林建设项目施工组织总设计编制程序如图 3-2 所示。

三、园林建设项目施工组织总设计编制内容

1．工程概况

（1）工程概况。主要内容：建设项目名称、性质和建设地点；占地总面积和建设总规模；每个单项工程占地面积。

（2）建设项目的建设、设计和施工承包单位。主要内容：建设项目的建设、勘察、设计、总承包和分包单位名称，以及建设单位委托的施工监理单位名称与其组织状况。

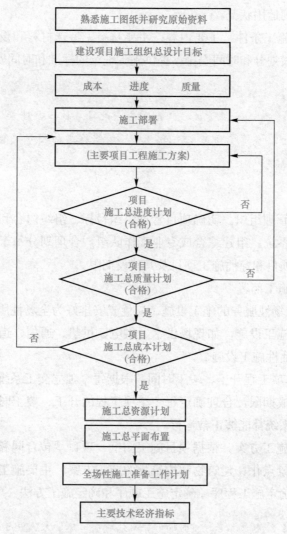

図 3-2　園林建设项目施工组织总设计编制程序

> **【特别提示】**根据项目的性质、规模、建筑结构的特点、施工的复杂程度和施工
> 条件的不同，施工组织总设计的内容也不同。

（3）施工组织总设计目标。主要内容：建设项目施工总成本、总工期和总质量等
级，以及每个单项工程施工成本、工期和工程质量等级要求。

（4）建设地区自然条件状况。主要内容：气象、工程地形和工程地质、工程水文
地质及历史上曾发生的地震级别及其危害程度。

（5）建设地区技术经济状况。主要内容：地方园林绿化施工企业及其施工工程的
状况；主要材料和设备的供应状况；地方绿化、建筑材料品种及其供应状况；地方交
通运输方式及其服务能力状况；地方供水、供电、供热和电信服务能力状况；社会劳
动力和生活服务设施状况；承包单位信誉、能力、素质和经济效益状况；地区园林绿

化新技术、新工艺的运用状况。

（6）施工项目施工条件。主要内容：主要材料、特殊材料和设备供应条件；项目施工图纸供应的阶段划分和时间安排；提供施工现场的标准和时间安排。

> 【特别提示】工程建设概况应说明拟建工程的建设单位，工程名称，性质，规模，用途，资金来源及投资额，工期要求，设计单位，监理单位，施工单位，施工图纸情况，主管部门有关文件及要求，组织施工的指导思想和具体原则要求等。

2. 施工部署

（1）建立项目管理组织。明确项目管理组织目标、组织内容和组织结构模式，建立统一的工程指挥系统。组建综合或专业工作队组，合理划分每个承包单位的施工区域，明确主导施工项目和穿插施工项目及其建设期限。

（2）认真做好施工部署。

1）安排好为全场性服务的施工设施。应优先安排好为全场性服务或直接影响项目施工的经济效果的施工设施，如现场供水、供电、供热、通信、道路和场地平整，以及各项生产性和生活性施工设施。

2）合理确定单项工程开工、竣工时间。根据每个独立交工系统及与其相关的辅助工程、附属工程完成期限，合理确定每个单项工程的开工、竣工时间，保证先后投产或交付使用的交工系统都能够正常运行。

（3）主要项目施工方案。根据项目施工图纸、项目承包合同和施工部署要求，分别选择主要景区、景点化、建筑物和构筑物的施工方案。主要施工方案的内容包括确定施工起点流向、确定施工程序、确定施工顺序和确定施工方法。

> 【特别提示】园林绿化工程对时间的要求比较高，例如大树种植工程适宜的季节是春季和秋季，若在夏季施工则技术难度大，后期养护管理要求高，且成活率不高，会增加成本。因此，应尽量将园林绿化工程安排在适宜的季节进行。

3. 全场性施工准备工作计划

根据施工项目的施工部署、施工总进度计划、施工资料计划和施工总平面布置的要求，编制施工准备工作计划（表3-2），具体内容如下。

（1）按照总平面图要求，做好现场控制网测量。

（2）认真做好土地征用、居民迁移和现场障碍物拆除工作。

（3）组织项目采用的新结构、新材料、新技术试验工作。

（4）按照施工项目施工设施计划要求，优先落实大型施工设施工程，同时做好现场"四通一平"工作。

（5）根据施工项目资源计划要求，落实绿化材料、建筑材料、构配件、加工品（包括植物材料）、施工机具和设备。

（6）认真做好工人上岗前的技术培训工作。

表 3-2　主要施工准备工作计划表

序号	准备工作名称	准备工作内容	主办单位	协办单位	完成日期	负责人

4．施工总进度计划

根据施工部署要求，合理确定每个独立交工系统及单项工程控制工期，并使它们相互之间最大限度地进行衔接，编制出施工总进度计划。在条件允许的情况下，可多搞几个方案进行比较、论证，以采用最佳计划。

（1）确定施工总进度表达形式。施工总进度计划属于控制性计划，用图表形式表现。园林建设项目施工进度常用横道图表达（图 3-3）。

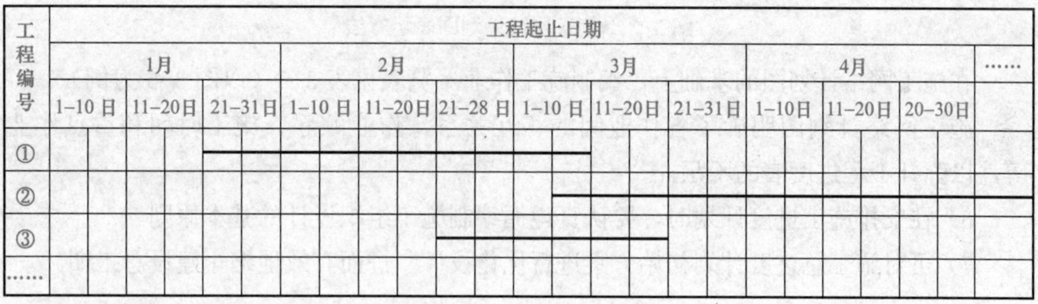

工程编号	工程起止日期												
	1月			2月			3月			4月			……
	1-10日	11-20日	21-31日	1-10日	11-20日	21-28日	1-10日	11-20日	21-31日	1-10日	11-20日	20-30日	
①													
②													
③													
……													

工程编号：①整理地形工程；②绿化工程；③假山工程；……

图 3-3　施工进度横道图

（2）编制施工总进度计划。

1）根据独立交工系统的先后次序，明确划分施工项目的施工阶段；按照施工部署要求，合理确定各阶段及其单项工程开工、竣工时间。

2）按照施工阶段顺序，列出每个施工阶段内部的所有单项工程，并将它们分别分解至单位工程和分部工程。

3）计算每个单项工程、单位工程和分部工程的工程量。

4）根据施工部署和施工方案，合理确定每个单项工程、单位工程和分部工程的施工持续时间。

5）科学地安排各分部工程之间的衔接关系，并绘制成控制性的施工网络计划（图 3-4）或横道计划。

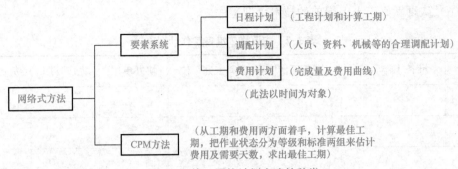

图 3-4　施工网络计划方法的种类

网络计划图表示方法如图 3-5 所示。

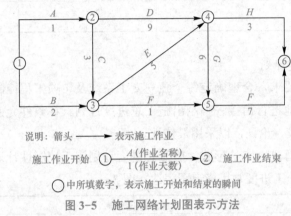

说明：箭头 ────→ 表示施工作业

施工作业开始 ①──A（作业名称）──②施工作业结束
　　　　　　　　1（作业天数）

○中所填数字，表示施工开始和结束的瞬间

图 3-5　施工网络计划图表示方法

在施工网络计划图的基础上，编制施工作业一览表见表 3-3（以图 3-5 为例）。

施工网络计划图明确了各作业间的相互关系、作业顺序、施工时间和重点作业等，以弥补工程进度表的不足。

6）在安排施工进度计划时，要认真遵循编制施工组织设计的基本原则。

7）可对施工总进度计划初始方案进行优化设计，进而有效地缩短建设总工期。

表 3-3　施工作业一览表

施工作业	先行作业	后续作业	需要天数 /d
A	—	C、D	1
B	—	E、F	2
C	A	E、F	3
D	A	G、H	9
E	B	G、H	5
F	B	I	1
G	D	I	6
H	D、E	—	3
I	G、F	—	7

（3）制定施工总进度保证措施。

1）组织保证措施。从组织上落实进度控制责任制，建立进度控制协调制度。

2）技术保证措施。编制施工进度计划实施细则；建立多级网络计划和施工作业周计划体系；强化施工工程进度控制。

3）经济保证措施。确保按时供应资金；奖励工期提前有功者；经批准紧急工程可采用较高的计件单价；保证施工资源的正常供应。

4）合同保证措施。全面履行工程承包合同；及时协调各分包单位施工进度；按时提取工程款；尽量减少建设单位提出工程进度索赔的机会。

> **【特别提示】** 现代园林工程项目往往工期要求非常紧迫，通常会出现加班和赶工的情况。如果不是正常、有序的施工，难免会出现施工质量和施工安全问题，甚至可能会造成成本的增加，会给施工企业带来巨大压力。因此，合理编制施工进度计划是进行进度控制的第一步。

5. 施工质量控制

施工总质量计划是以一个建设项目为对象进行编制，用以控制其施工全过程各项施工活动质量标准的综合性技术文件。应充分掌握设计图纸、施工说明书、特殊施工说明书等文件上的质量指标，制定各工种施工的质量标准，以及各工种的作业标准、操作规程、作业顺序等，并分别对各工种的工人进行培训和安全教育。

（1）施工总质量计划的内容。

1）工程施工质量总目标及其分解。

2）确定施工质量控制点。

3）制定施工质量保证措施。

4）建立施工质量体系，并应与国际质量认证系统接轨。

（2）施工总质量计划的制定步骤。

1）明确工程设计质量要求和特点。通过熟悉施工图纸和工程承包合同，明确设计单位和建设单位对建设项目及其单项工程的施工质量要求；再经过项目质量影响因素分析，明确建设项目质量特点及其质量计划重点。

2）确定施工质量总目标。根据建设项目施工图纸和工程承包合同要求，以及国家颁布的相关的工程质量评定和验收标准，确定建设项目施工质量总目标优良或合格。

3）确定并分解单项工程施工质量目标。根据建设项目施工质量总目标要求，确定每个单项工程施工质量目标，然后将该质量目标分解至单位工程质量目标和分部工程质量目标，即确定出每个分部工程施工质量等级优良或合格。

4）确定施工质量控制点。根据单位工程和分部工程施工质量等级要求，以及国家颁布的相关的工程质量评定与验收标准、施工规范和规程有关要求，选定各工种的质量特性（以土方工程为例，见表3-4），确定各个分部（项）工程质量标准和作业标准；对于影响分部（项）工程质量的关键部位或环节，要设置施工质量控制点，以便加强对其进行质量控制。

表 3-4　土方工程的质量特性

物理特性（施工前）		力学特性（施工中）		地基土壤的承载力（施工后）	
质量特性试验	质量特性	试验	质量特性	试验	质量特性
（1）颗粒度	颗粒度	（1）最大干密度	捣固	（1）贯入指数	各种贯入试验
（2）液限	液限	（2）最优含水率	捣固	（2）浸水 CBR	CBR
（3）塑限	塑限	（3）捣固密实度	捣固	（3）承载力指数	平板荷载试验
（4）现场含水量	含水量				

※ 知识链接

土壤是花草树木生长的基础，土壤种的土粒最好构成团粒结构。适宜植物生长的团粒直径为 1～5 mm，其孔隙小于 0.01 mm，根毛不能侵入。施工前应了解土壤的理化性能，更换的种植土应满足植物生长的需要，绿化地土壤多采用深翻熟化、更换耕植土，优化土壤，杀菌剂、杀虫剂和肥料一起施入土中，以达到种植相关规范的要求。

5）制定施工质量保证措施。

①组织保证措施。建立施工项目的施工质量体系，明确分工职责和质量监督制度，落实施工质量控制责任。

②技术保证措施。编制施工项目施工质量计划实施细则，完善施工质量控制点和控制标准，强化施工质量事前、事中和事后的全过程控制。

③经济保证措施。保证资金正常供应；奖励施工质量优秀的操作者，惩罚施工质量低劣的操作者，确保施工安全和施工资源正常供应。

④合同保证措施。全面履行工程承包合同，严格控制施工质量，及时了解及处理分包单位施工质量，热情接受施工监理，尽量减少建设单位提出工程质量索赔的机会。

6）建立施工质量认证体系。施工质量验收合格应符合的规定如下。

①符合工程勘察、设计文件的要求，即"按图施工"。

②符合《建筑工程施工质量验收统一标准》（GB 50300—2013）和相关专业验收规范的规定，即"依法施工"。

③施工质量在合格的前提下，还应符合施工承包合同的约定要求，即"践约施工"。

6. 施工总成本计划

施工总成本是以一个园林建设项目为对象进行编制，用以控制其施工全过程各项施工活动成本额度的综合性技术文件，由于园林建设工程施工内容多，牵涉的工种也多，计算标准成本很困难，但随着园林事业的发展和不断进行的体制改革和规章制度的日益完善，园林事业日趋现代化，因而园林业也会与其他部门一样，朝着制定标准成本的方向努力。

（1）施工成本分类。

1）施工预算成本。施工预算成本是工程的成本计划，是根据项目施工图纸、工程预算定额和相应取费标准所确定的工程费用总和，也称建设预算成本。制定工程预算书是进行成本管理的基础，它是根据设计书、图表、施工说明书、图纸等实行预算及成本计算（表 3-5）。

表 3-5　施工预算成本管理表

预算成本计算		施工计划成本计算		施工实际成本计算	
基本计算	估算成本	不同工种计算	不同因素计算	预算成本与完成工程成本实行预算报告 比较研究	
		直接工程费	材料费		
		×××作业	劳务费		
		×××作业	转包费		
确定预算		间接工程费			
		一般管理费	经费		
编制实行预算书	执行预算			中途分析实行预算差异	
计划	实施			调整	评价

2）施工计划成本。施工计划成本是在预算成本基础上，经过充分挖掘潜力、采取有效技术组织措施和加强经济核算努力下，按企业内部定额，预先确定的工程项目计划费用总和，也称项目成本。施工预算成本与施工计划成本差额称为项目施工计划成本降低额。

3）施工实际成本。施工实际成本是在项目施工过程中实际发生，并按一定成本核算对象和成本项目归集的施工费用支出总和。施工预算成本与施工实际成本的差额，称为工程成本降低额；成本降低额与预算成本的比率，称为成本降低率。施工管理人员应找出成本差异发生的原因，在控制成本的同时，及时采取正确的施工措施。一般来说，在比较成本时应保证工程数量与成本都必须准确。该指标可以考核建设项目施工总成本降低水平或单项工程施工成本降低水平（表 3-6）。

表 3-6　成本差异分析表

工种区分	施工预算成本			施工实际成本			成本差异		成本差异大的作业
	数量	单价	金额	数量	单价	金额	增	减	
×× ×× ×× 合计									

（2）施工成本构成。施工成本由直接费和间接费构成。

（3）编制施工总成本计划步骤。

1）确定单项工程施工成本计划。

①收集和审查有关编制依据。它包括上级主管部门要求的降低成本计划和有关指标；施工单位各项经营管理计划和技术组织措施方案；人工、材料和机械等消耗定额与各项费用开支标准；历年有关工程成本的计划、实际和分析资料。

②做好单项工程施工成本预测。通常先按量、本、利分析法，预测工程成本降低趋势，并确定出预期成本目标，然后采用因素分析法，逐项测算经营管理计划和技术组织措施方案的降低成本经济效果与总效果。当措施的经济总效果大于或等于预期工程成本目标时，就可开始编制单项工程施工成本计划。

③编制单项工程施工成本计划。首先由工程技术部门编制项目技术组织措施计划，然后由财务部门编制项目施工管理计划，最后由计划部门会同财务部门进行汇总，编制出单项工程施工成本计划，即项目成本计划表。工程预算成本减去计划（降低）成本的差额，就是该项目工程成本指标。

2）编制建设项目施工总成本计划。根据园林建设项目施工部署要求，其总成本计划编制也要划分施工阶段，首先要确定每个施工阶段的各个单项工程施工成本计划，并编制每个施工阶段组成的项目施工成本计划，再将各个施工阶段的施工成本计划汇总在一起，就成为该园林建设项目施工总成本计划；同时，也求得该建设项目工程计划成本总指标。

3）制定建设项目施工总成本保证措施。

①技术保证措施。园林建设工程中大量是园林植物，品种各异，来源不同，必须精心优选各类植物材料、各种建设材料、设备的质量和价格，合理确定其供货单位；优化施工部署和施工方案以节约成本；按合理工期组织施工，尽量减少赶工费用。

②经济保证措施。经常对比计划费用与实际费用的差额，分析其产生原因，并采取改善措施，及时奖励降低成本有功人员。

③组织保证措施。建立健全项目施工成本控制组织，完善其职责分工和有关规章制度，落实项目成本控制者的责任。

④合同保证措施。按项目承包合同条款支付工程款；全面履行合同，减少建设单位索赔条件和机会；正确处理施工中已发生的工程赔偿事项，尽量减少或避免发生工程合同纠纷。

※ 知识链接

施工成本控制方法原理

综合我国现行的建筑施工实际的情况，在施工过程中应主要采取以下措施控制成本。

（1）组织制度控制措施。制度控制是指企业层次对项目成本实施的总体宏观控制。它规定了成本控制的方法和内容，以解决项目施工过程中成本管理"有章可循"

的问题。它是企业层次行使监督、检查、协调及服务职能的依据和前提，也是企业内部配套改革中制度建设的重要组成部分。

（2）内部定额控制。内部定额应根据国家统一的定额，结合现行的质量标准、安全操作规范、施工条件及历史资料等进行编制，并以此作为编制内部施工预算、工长签发施工任务书、控制考核工效及材料消耗的依据。

（3）合同控制。合同控制应该是企业实施成本控制的重要方面，它与上述方法的主要区别在于：前两者属于行政控制，而它是合作双方在自愿协商的基础上产生的具有约束力的控制方法。

（4）技术控制。提高劳动生产率，力争提前完成项目施工任务。加强对管理费支出的控制，可以有效地控制施工管理费。对管理费支出水平的控制可根据"精简、节约、效能"的原则，精简管理机构，减少管理层次，提高工作效率和质量，并严格按照费用支出项目进行管理。对超支较多的费用支出项目，经由项目经理或成本控制工程师审核签订。

7. 施工总资源计划

（1）劳动力需要量计划。施工劳动力需要量计划是编制施工设施和组织工人进场的主要依据。劳务费平均占承包总额的 30% ～ 40%，它是施工管理人员实施管理的重要一环，在管理过程中要执行《中华人民共和国劳动法》等法令、法规。劳动力需要量计划是根据施工总进度计划、概（预）算定额和有关经验资料，分别确定出每个单项工程专业工种、工人数和进场时间，然后逐项汇总直至确定出整个建设项目劳动力需要量计划，是一项政策性很强的工作。

工程的劳动力可实行招聘制，并要订立相关合同，合同双方都要遵守劳动合同，认真地履行各自的权利与义务。

（2）主要材料需要量计划。主要材料需要量计划是组织施工材料和部分原材料加工、订货、运输、确定堆场和仓库的依据。它是根据施工图纸、施工部署和施工总进度计划而编制的。然而，园林施工中的特殊材料如掇山、置石的材料需要根据设计所要求的体态、体量、色泽、质地等经过相石、采石、运输等环节，故应事先做好需要量计划。

（3）施工机具和设备需要量计划。施工机具和设备需要量计划，是确定施工机具和设备进场、施工用电量及选择施工后临时变压器的依据。它可视施工部署、施工方案、工程量而定，一般在园林施工中，大型施工机械不多见，但在地形塑造、土方工程、水景施工中所用的一些中、小型机械设备也不容忽视。

8. 施工总平面布置

（1）施工总平面布置的原则。

1）在满足施工需要前提下，尽量减少施工用地，不占或少占农田，施工现场布置要紧凑合理，保护好施工现场的古树名木、原有树木、文物等。

2）合理布置各项施工设施，科学规划施工道路，尽量降低运输费用。

3）科学确定施工区域和场地面积，尽量减少专业工种之间的交叉作业。

4）尽量利用永久性建筑物、构筑物或现有设施为施工服务，降低施工设施建造费用，尽量采用装配式施工设施，提高其安装速度。

5）各项施工设施布置都要满足有利于施工、方便生活、安全防火和环境保护要求。

（2）施工总平面布置的依据。

1）园林建设项目总平面图、竖向布置图和地下设施布置图。

2）园林建设项目施工部署和主要项目施工方案。

3）园林建设项目施工总进度计划、施工总质量计划和施工总成本计划。

4）园林建设项目施工总资源计划和施工设施计划。

5）园林建设项目施工用地范围和水、电源位置，以及项目安全施工和防火标准。

（3）施工总平面布置内容。

1）园林建设项目施工用地范围内地形和等高线；全部地上、地下已有和拟建的道路、广场、河湖水面、山丘、绿地及其他设施位置的标高和尺寸。

2）标明园林植物种植的位置、各种构筑物和其他基础设施的坐标网。

3）为整个建设项目施工服务的施工设施布置，包括生产性施工设施和生活性施工设施两类。

4）建设项目必备的安全、防火和环境保护设施布置。

（4）编制建设项目施工设施需要量计划。

1）确定工程施工的生产性设施。生产性施工设施包括工地加工设施、工地运输设施、工地储存设施、工地供水设施、工地供电设施和工地通信设施六种。通常要根据整个园林建设项目及其每个单项工程施工需要，统筹兼顾、优化组合、科学合理地确定每种生产性施工设施的建造量和标准，编制出项目施工的生产性施工需要量计划。

2）确定工程施工的生活性设施。生活性施工设施包括行政管理用房屋、居住用房屋和文化福利用房屋三种。通常要根据整个建设项目及其每个单项工程施工需要，统筹兼顾、科学合理地确定每种生活性施工设施的建造量和标准，编制出项目施工的生活性施工设施需要量计划。

3）确定项目施工设施需要量计划核心部分，必然是以上两项"需要量计划"之和；然后，在其前面写明"编制依据"，在其后面写明"实施要求"。这样便形成了"建设项目施工设施需要量计划"。

（5）施工总平面图设计步骤。

1）确定仓库和堆场位置，特别注意植物材料的假植地点应选在背风背阴处。

2）确定材料加工场地位置。

3）确定场内运输道路位置。

4）确定生活用施工设施位置。

5）确定水、电管网和动力设施位置。

6）评价施工总平面图指标。

为了优化施工工程，应从多个施工总平面图方案中根据下列评价指标选择：施工占地总面积、土地利用率、施工设施建造费用、施工道路总长度和施工管网总长度。然后，在分析计算的基础上，对每个可行方案进行综合评价。

9. 主要技术经济指标

为了评价每个建设项目施工组织总设计各个可行方案的优劣，以便从中确定一个最优方案，通常采用以下技术经济指标进行方案评价。

（1）建设项目施工工期。

（2）建设项目施工总成本和利润。

（3）建设项目施工总质量。

（4）建设项目施工安全。

（5）建设项目施工效率。

（6）建设项目施工其他评价指标。

※ 案例实训 3-1

某园林工程的主要情况如下：

（1）工程性质及内容。本工程位于××市××区，居住区为一期小区园林绿化工程，园林绿化面积为 1 872 m²，道路及停车场铺装面积为 724 m²，工程由×× 有限责任公司投资建设。

工程包含以下内容：绿化种植、道路铺装、建筑小品、给水排水管线、园林照明、弱电管线、管井工程及工程竣工后两年内提供为保证种植物正常生长而发生的灌溉、培植、剪草、修剪树木等。

（2）工程特点。在本工程中，庭院铺装工程、园林小品工程与绿化施工，楼前、楼后区域分散，基层、面层均有不同的做法，外观效果要求高，并与市政外线施工交叉作业，工期紧，任务重。

进场后在较短时间内完成场地平整工作，积极配合市政外线工程施工，集中力量做好施工准备。

（3）工程目标。本工程的总工期为 120 d，工程质量要求达到国家施工验收规定的优良标准，无死亡事故。

（4）建设单位：×× 建设工程有限公司

设计单位：×× 设计院

监理单位：×× 工程建设监理有限公司

（5）施工条件：施工现场已具备施工条件，施工用水、施工用电引出至施工地点。

1）工程材料已提前落实，各种构件提前加工于开工后运至现场。

2）根据施工进度，施工机械、运输车辆随用随上。

3）劳动力依据工程进度平衡调配。

4）施工现场属于北回归带以南的亚热带季风气候带。

根据该案例资料，在指导老师的辅导下，独立编制完成该项目的园林施工组织总设计，要求包含施工部署、主要施工方法及进度计划。

单元三

单项（位）工程施工组织设计

【引 言】

在组织单项（位）工程施工前，有一项重要的工作需要做，那就是编制单项（位）工程施工组织设计。其中，包括编制对象、编制依据、施工部署及施工方法、进度计划等内容。

单项（位）工程施工组织设计是根据施工图和施工组织总设计来编制的，也是对总设计的具体化。由于要直接用于指导现场施工，所以内容比较详细和具体。

某现代城园林景观
施工组织设计实例

一、单项（位）工程施工组织设计编制依据

（1）单项（位）工程全部施工图纸及相关标准图。

（2）单项（位）工程地质勘察报告、地形图和工程测量控制网。

（3）单项（位）工程预算文件和资料。

（4）建设项目施工组织总设计对本工程的工期、质量和成本控制的目标要求。

（5）承包单位年度施工计划对本工程开工、竣工的时间要求。

（6）有关国家方针、政策、规范、规程和工程预算定额。

（7）类似工程施工经验和技术新成果。

二、单项（位）工程施工组织设计编制程序

单项（位）工程施工组织设计编制程序如图3-6所示。

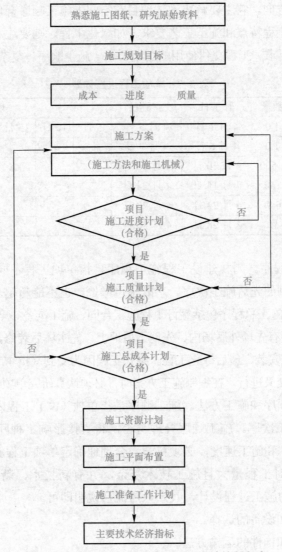

图 3-6　单项（位）工程施工组织设计编制程序

🎵 三、单项（位）工程施工组织设计编制内容

1. 工程特点

简要说明工程结构和特点以及对施工的要求，并附以主要工种工程量一览表。

2. 工程施工特征

结合园林建设工程具体施工条件，找出其施工全过程的关键工程，并从施工方面和措施方面给以合理地解决。例如在水池工程施工中，要重点解决防水工程和饰面工程。

3. 施工方案（单项工程施工进度计划）

（1）用图表的形式确定各施工过程开始的先后次序、相互衔接的关系和开工、竣工日期（表 3-7）。如确定施工起点流向，它是指园林建设单项工程在平面上和竖向上施工开始部位和进展方向。它主要解决施工项目在空间上施工顺序合理的问题，要注意该单项（位）工程的工程特点和施工工艺要求。如绿化工程，则要注意不同植物对栽植季节及对气候条件的要求、工程交付使用的工期要求、施工顺序、复杂程度等因素。

表 3-7　单项工程进度计划

工种	单位	数量	开工日	完成日	4月					
					5 日	10 日	15 日	20 日	25 日	30 日
准备作业	组	1.0	4月1日	4月5日						
定线	组	1.0	4月6日	4月9日						
堆土作业	m^3	1 500	4月10日	4月15日						
栽植作业	棵	150	4月15日	4月24日						
草坪作业	m^2	600	4月24日	4月28日						
收尾	组	10	4月28日	4月30日						

（2）确定施工程序。园林建设工程施工程序是指单项工程不同施工阶段之间所固有的、密切不可分割的先后施工次序。它既不可颠倒，也不能超越。

单项（位）工程施工总程序包括签订工程施工合同、施工准备、全面施工和竣工验收。此外，其施工程序还有先场外后场内、先地下后地上、先主体后装修，先土石方工程再管线、土建、设备设施安装，最后绿化工程。绿化工程因为受到栽植季节的限制，常常要与其他单位（项）工程交叉进行。在编制施工方案时，必须认真研究单项（位）工程施工程序。

（3）确定施工顺序和施工方法。施工顺序是指单项（位）工程内部各个分部（项）工程之间的先后施工次序。施工顺序合理与否，将直接影响工种间配合、工程质量、施工安全、工程成本和施工速度，必须科学、合理地确定单项工程施工顺序。

确定施工方法时工程量大且施工技术复杂，并有新技术、新工艺或特种结构工程，则需编制具体的施工过程设计，其余只需概括说明即可。

（4）施工机械和设备的选择。

（5）主要材料和构件的运输方法。

（6）各施工过程的劳动组织。

（7）主要分部分项工程施工段的划分和流水顺序。

（8）冬期和雨期施工措施。

（9）确定安全施工措施。

【知识点思考 3-4】某园林公司进行小区园林工程，工程内容包括乔木种植、草铺铺设、花坛砌筑、园林喷灌设施安装、园路铺装。工期为 3～6 个月。试结合本知识点内容分析该单位工程施工顺序安排。

4. 施工方案的评价体系

施工方案主要从定性和定量两个方面来进行评价。具体如下：

（1）定性评价指标。定性评价指标主要是施工操作难易程度和安全可靠性、为后续工程创造有利条件的可能性、利用现有或取得施工机械的可能性、冬雨期施工的可能性，以及为现场文明施工创造有利条件的可能性。

（2）定量评价指标。定量评价指标主要是单项（位）工程施工工期、施工成本、施工质量、工程劳动力使用情况及主要材料消耗量。

5．施工准备工作

（1）施工准备工作的内容。组建管理机构、确定各部门职能、确定岗位职责分工和选聘岗位人员等，建立工程管理组织的工作。

1）施工技术准备，包括编制施工进度控制目标；编制施工作业计划；编制施工质量控制实施细则并落实质量控制措施；编制施工成本控制实施细则，确定分项工程成本控制目标以采取有效成本控制措施；做好工程技术交底工作，可以采用书面交底、口头交底和现场示范操作交底等方式，常采用自上而下逐级进行交底。

2）劳动组织准备，主要有建立工程队伍，并建立工程队伍的管理体系，在队组内部技术工人等级比例要合理，并满足劳动力优化组合的要求；做好劳动力培训工作，并安排好工人进场后生活，然后按工程对各工种的编制，组织上岗前培训。培训内容包括规章制度、安全施工、操作技术和精神文明教育4个方面。

3）施工物资准备，包括建筑材料准备和植物材料准备及施工机具准备，有时还要有一些预制加工品的准备。

4）施工现场准备，主要有清除现场障碍物，实现"四通一平"；现场控制网测量；建造各项施工设施；组织施工物资和施工机具进场等。

（2）编制施工准备工作计划。为落实各项施工准备工作，加强对施工准备工作的监督和检查，通常施工准备工作计划采用表格形式，具体见表3-8。

表3-8　单项工程施工准备工作计划

序号	准备工作名称	准备工作内容	主办单位	协办单位	完成时间	负责人

6．施工进度计划

（1）编制施工进度计划依据。主要有单项（位）工程承包合同和全部施工图纸；建设地区相关原始资料；施工总进度计划对本工程有关要求；单项（位）工程设计概算和预算资料及施工物资供应条件等。

（2）施工进度计划编制步骤。

1）熟悉审查施工图纸，研究原始资料。

2）确定施工起点流向，划分施工段和施工层。

3）分解施工过程，确定工程项目名称和施工顺序。

4）选择施工方法和施工机械，确定施工方案。

5）计算工程量，确定劳动力分配或机械台班数量。

6）计算工程项目持续时间，确定各项流水参数。

7）绘制施工横道图。

8）按项目进度控制目标要求，调整和优化施工横道计划。

（3）制定施工进度控制实施细则，主要是编制月、旬和周施工作业计划，从而落实劳动力、原材料和施工机具供应计划；协调与设计单位和分包单位关系，协调与建设单位的关系，以保证其供应材料、设备和图纸及时到位。

【知识点思考3-5】某园林施工单位在进行高速公路的草坪铺设工作，合同工期为5—10月底，但由于8月连续降雨，公路旁的土方整体坍塌，导致施工中断，造成总工期延误。结合本单元相关知识，分析编制施工进度计划的影响因素有哪些？

7. 施工质量计划

（1）编制施工质量计划主要依据。施工图纸和有关设计文件；设计概算和施工图预算文件；该工程承包合同对其造价、工期和质量有关规定；国家现行施工验收规范和有关规定；施工作业环境状况，如劳动力、材料、机械等情况。

（2）施工质量计划内容。基本可参照施工总质量计划的内容。

（3）编制施工质量计划步骤。

1）施工质量要求和特点。根据园林建设工程各分项工程特点、工程承包合同和工程设计要求，认真分析影响施工质量的各项因素，明确施工质量特点及其质量控制重点。

2）施工质量控制目标及其分解。根据施工质量要求和特点分析，确定单项（位）工程施工质量控制目标"优良"或"合格"，然后将该目标逐级分解为分部工程、分项工程和工序质量控制子目标"优良"或"合格"，作为确定施工质量控制点的依据。

3）确定施工质量控制点。根据单项（位）工程、分部（项）工程施工质量目标要求，对影响施工质量的关键环节、部位和工序设置质量控制点。

4）制定施工质量控制实施细则。它包括建筑材料、绿化材料、预制加工品和工艺设备、设施质量检查验收措施；分部工程、分项工程质量控制措施；以及施工质量控制点的跟踪监控办法。

5）建立工程施工质量体系。施工质量保证体系的主要内容包括项目施工质量目标、项目施工质量计划、思想保证体系、组织保证体系、工作保证体系五方面内容。施工质量保证体系的运行，应以质量计划为主线，管理为重心，按照PDCA循环的原理，通过计划、实施、处理的步骤开展控制。该方法先有分析，提出设想，安排计划，按计划执行，执行中进行动态检查、控制和调整，待执行完成后进行总结处理。

8. 施工成本计划

（1）施工成本分类和构成。单项（位）工程施工成本可分为施工预算成本、施工计划成本和施工实际成本三种。其中，施工预算成本是由直接费和间接费两部分费用构成。

（2）编制施工成本计划的步骤。

1）收集和审查有关编制依据。

2）做好工程施工成本预测。

3）编制单项（位）工程施工成本计划。

4）制定施工成本控制实施细则。它包括优选材料、设备质量和价格；优化工期和成本；减少赶工费；跟踪监控计划成本与实际成本差额，分析产生原因，采取纠正措施；全面履行合同，减少建设单位索赔机会；健全工程成本控制组织，落实控制者责任；保证工程施工成本控制目标的实现。

9. 施工资源计划

单项（位）工程施工资源计划内容包括编制劳动力需要量计划、建筑材料和绿化材料需要量计划、预制加工成品需要量计划、施工机具需要量计划和各种设备设施需要量计划。

（1）劳动力需要量计划。劳动力需要量计划是根据施工方案、施工进度和施工预算，依次确定的专业工种、进场时间、劳动量和工人数，然后汇集成表格形式。它可作为现场劳动力调配的依据。

（2）建筑材料和绿化材料需要量计划。建筑材料和绿化材料需要量计划是根据施工预算工料分析与施工进度，依次确定的材料名称、规格、数量和进场时间，并汇集成表格形式。它可作为备料、确定堆场和仓库面积及组织运输的依据。

（3）预制加工成品需要量计划。较大的园林建设工程中的很多材料、设施需要预制加工，如石材、喷泉、路椅、电话亭、指示牌等。预制加工品需要量计划是根据施工预算和施工进度计划而编制的，可作为加工订货、确定堆场面积和组织运输的依据。

（4）施工机具需要量计划。施工机具需要量计划是根据施工方案和施工进度计划而编制的，它可作为落实施工机具来源和组织施工机具进场的依据。

10. 施工平面布置

大、中型的园林建设工程要做好施工平面布置。

（1）施工平面布置的依据。

1）建设地区原始资料。

2）一切原有和拟建工程的位置及尺寸。

3）全部施工设施建造方案。

4）施工方案、施工进度和资源需要量计划。

5）建设单位可提供的房屋和其他生活设施。

（2）施工平面布置的原则。

1）施工平面布置要紧凑、合理，尽量减少施工用地。

2）尽量利用原有建筑物或构筑物，降低施工设施建造费用；尽量采用装配式施工设施，减少搬迁损失，提高施工设计安装速度。

3）合理地组织运输，保证现场运输道路畅通，尽量减少场内运输费。

4）各项施工设施布置都要满足方便生产、有利于生活、环境保护、安全防火等要求。

（3）施工平面布置内容。

1）设计施工平面图。设计施工平面图包括总平面图上的全部地上、地下构筑物和管线；地形等高线，测量放线标桩位置；各类起重机构停放场地和开行路线位置，以及生产性、生活性施工设施和安全防火设施位置。平面图的比例一般为 1：500 ～ 1：200。

2）编制施工设施计划。编制施工设施计划包括生产性和生活性施工设施的种类、规模和数量，以及占地面积和建造费用。

11. 主要技术经济指标

单项（位）工程施工组织设计的主要技术经济指标包括施工工期、施工成本、施工质量、施工安全和施工效率等。

※ 知识链接

单位工程施工组织设计管理

1. 编制、审批和交底

（1）单位工程施工组织设计编制与审批：单位工程施工组织设计由项目技术负责人编制，项目负责人组织，项目经理部全体管理人员参加，企业主管部门审核，企业技术负责人或其授权人审批。

（2）单位工程施工组织设计经上级承包单位技术负责人或其授权人审批后，应在工程开工前由项目负责人组织，对项目部全体管理人员及主要分包单位进行交底并做好交底记录。

2. 群体工程

群体工程应编制施工组织总设计，并及时编制单位工程施工组织设计。

3. 过程检查与验收

（1）过程检查通常分为地基基础、主体结构和装饰装修三个阶段。

（2）过程检查由企业技术负责人或相关部门负责人主持并提出修改意见。

4. 修改与补充

在单位工程施工过程中，当其施工条件、总体施工部署、重大设计变更或主要施工方法发生变化时，项目负责人或项目技术负责人应组织相关人员对单位工程施工组织设计进行修改和补充，报送原审核人审核，原审批人审批，并进行相关交底。

5. 发放与归档

单位工程施工组织设计审批后报送监理方及建设方，发放企业主管部门、项目相关部门、主要分包单位。

※ 案例实训 3-2

某市文化广场位于景区入口处，占地面积近 50 000 m²，内有假山、园路、小桥、小溪、铺装、亭、廊等设施，由××环境设计院设计，由××园林建设有限公司施工。工程开挖土方为 12 000 m³；假山用黄山石堆砌，计划用石料 3 000 t 以上；园路 1 500 m²；小桥 5 座；中心广场铺装 1 200 m²；绿化用地 40 000 m²；亭、廊为保留的已有设施，预计工程总造价为 700 万元左右。该单位对施工组织设计的编制要求较高，尤其是对单位工程施工组织设计的编制要求很高，在编制时投入了大量的技术人员。

（1）单位工程施工组织设计的编制依据有哪些？

（2）按照施工组织设计编制程序的要求，在确定了施工总体部署后，接下来应该进行的工作是什么？

（3）单位工程施工组织设计的主要内容有哪些？

单元四

园林工程施工组织设计实例分析

【引　言】

园林工程施工组织设计作为规划和参考园林工程施工全过程的综合性技术经济文件，无论是在施工中还是在项目管理方面，都有"战略部署"和"战术"安排的双重功能，能否做好园林施工组织设计的编制工作，对是否可以降低成本、提高管理质量有着重要影响。本单元以某游船码头、茶室施工组织设计为例进行分析。

某游船码头、茶室施工组织设计

1. 工程概况

本工程位于某市某公园内，游船码头除出租游船外还设有 300 m² 的茶室，建筑为一层，总高为 5.3 m，现场地势坡度为 15%，一边临水，详见某总平面（图 3-7）。

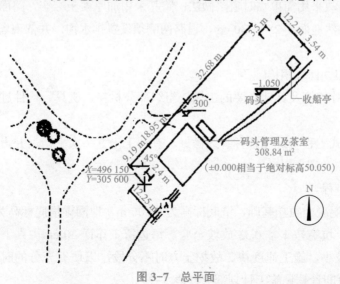

图 3-7　总平面

（1）结构概况。本工程采用砖混结构体系，墙为 240 mm；屋面为现浇混凝土板；基础为钢筋混凝土独立基础，下为碎石垫层，混凝土强度等级为 C20；砂浆强度等级为 M7.5。

（2）装修概况。室内均为水泥地面、白灰砂墙面，有水泥墙裙；外墙窗间为仿石面砖，其他为喷涂墙面；屋面为彩色陶瓦。

（3）工期要求。开工期定于 3 月 16 日，至 6 月底竣工，总工期为 90 d。

（4）自然条件。施工期间各月均为正常气温。现场地势坡度为 15%，地下无障碍物，三类场地，正常水位为 −1.50 m。

（5）技术经济条件。本工程为公园新建项目，施工中需用的水、电均可从已有电路、水网引出；交通运输方便；由于工程位于公园内，内有管理人员的食堂，工人食宿可就近解决；全部预制构件（门窗、石坐凳等）均在场外加工订货，现场不设加工厂；建筑材料和劳动力均满足工程要求。

（6）工程特点分析。本工程由于采用一般结构和装修，工人操作较熟悉，便于组织流水作业，但工期较紧，仅有 90 个工作日；内外装修工作量不大，但外墙装修要求较高，工期较长。由于临水，基础施工准备工作时间周期较长，同时还要缩短基础与主体工程工期，以便在雨期到来之前完工。

2. 施工方案

（1）施工准备。

1）围堰、抽水，挡土墙（驳岸）施工。由于是临水建筑，临水挡土墙（驳岸）的施工质量显得特别重要，这将影响基础的安全和施工质量。

2）平整场地，布置运输道路。由于场地坡度为 15%，该工程室内外高差为 0.9 m，为加快施工速度，采用边平整、边定位放线的方案，为及早开槽挖坑做准备；现场要统一碾压，现场根据条件设环行道路与原有道路连通，由于平整主体施工避开了雨期，且主体工期较短，故采用简单临时道路做法：路基采用加厚素土夯实，路面用碎石加沙土组成，顶面比自然地面高 25 ～ 30 cm，道路两侧须设置排水沟，并依现场地势做成一定坡度。

3）接通施工用水、用电。

4）搭设搅拌机棚及其他必要的工棚，组织部分材料、机具、构件进场，并按指定地点存放。

5）结合正式工程将现场各种管线做好，有利于土方一次平衡，并力争为主体施工服务。

（2）基础工程。

1）基础为混凝土独立基础，坑底标高为 −2.00 m，地圈梁槽底标高为 −0.80 m。采用人工挖土方，坑宽按 1 ∶ 0.33 放坡至底，每边留工作面 30 cm，人工修整。因为挖土方早且场地较小，施工速度快，故挖土方时不分段，以便有充分的时间做基础施工准备。各工序时间计算见施工计划部分（表 3-9）。

表 3-9　施工计划

序号	施工过程名称	施工进度 /d																	
		1	2	3	4	5	6	7	8	9	10	11	12	13	14	15	16	17	18
1	施工准备																		
2	人工挖土																		
3	碎石垫层										——								
4	基础										——	——							
5	地梁																		
6	柱													——	——				
7	回填土														——	——			
8	地面垫层															——	——		

2）施工顺序：挖坑挖槽→打钎验坑槽→碎石垫层→钢筋混凝土基础→地圈梁→柱生根→回填土。由于基底标高在地下水水位以下，需要考虑地下水水位影响及地基局部处理问题，如可在围堰内安排抽水机抽水，以降低地下水水位。

3）地梁施工采用先砌两侧砖放脚的做法，即应用砖模的方法，节约模板、方便施工，并保证地梁与基础的整体性。构造柱按图纸要求生根在地梁上。

4）回填土应室内外同时进行。在等待柱拆模时，应抓紧时间做好上下水管线，以便回填后，将首层地面灰与 C10 混凝土垫层一并做出，为主体施工创造好条件。

（3）主体结构工程。

1）机械选择。根据现场情况及建筑的外形和高度，可采用人工吊垂直运输材料。另选两台 JG-250 型搅拌机，一台搅拌砂，另一台搅拌混凝土。

2）主要施工方法。主体施工工序包括砌砖墙，现浇混凝土圈梁、柱、梁、板、过梁，现浇屋面板等。施工以瓦工砌砖及结构吊装作业为主，木工和混凝土工按需要配备即可。

①脚手架：采用外部桥式架子配合内操作平台的方案，砌筑采用外平台架，内桥架可用来辅助砌墙工作，并作为内装修脚手架。

②砌砖墙：垂直与水平运输均采用葫芦式起重机，在集中吊上来的砖或砂浆槽的楼板位置下要加设临时支撑，选用 10 个内平台架砖组砌。为使劳动力平衡，瓦工采用单班作业，具体安排见主体结构施工进度计划（表 3-10）。

③钢筋混凝土圈梁、柱、屋面板：由于外墙圈梁与结构面标高一致，故结合结构吊装采用圈梁硬架支模方法；又因现浇混凝土量不大，故采用圈梁、柱、梁混凝土同时浇筑的方案；构造柱的钢筋在砌墙前绑扎，圈梁钢筋在建筑物上绑扎并在扣板前安放好。待屋面梁浇筑好后，再制作屋面板钢筋及浇屋面板。

（4）装修工程。装修工程包括屋面、室外和室内三部分。屋面工程在主体封顶后立即施工，做完屋面防水之前拆架，利用内桥架做外装修（采用先外后内方案）；为缩短工期，室内隔墙及水泥地面在外装修完成屋面即可插入，以保证地面养护时间。

1）屋面工程。平屋做完要经自然养护并充分干燥（5～6 d）后再做防水层，屋面防水层及彩色陶瓦上料用外桥架，屋面装修用料提前备好（确保按时拆架）。

2）室外装修。采用水平向下的施工流向，施工顺序：抹灰→外墙仿石面砖→勾缝、抹灰→喷涂墙面。而后转入做地面，确保地面养护期不少于 7 d。散水等外装修在工程收尾、外架子拆除后进行施工，以免相互交叉，影响室内装修。

3）室内装修。为缩短工期，在五层甲单元地面做完并经 8 d 养护后，即可进行室内墙面抹灰。待地面工程一结束，全部抹灰工进入室内抹灰；抹灰后，要待墙面充分干燥（不少于 7 d）后进行顶棚、墙面喷浆。为加快施工速度，安装门窗扇，顶、墙喷浆，门窗油漆与安装玻璃等项工作进行搭接流水，立体交叉作业，详见进度计划（注：安装完玻璃后进行最后一道泛油）。

水、电气、卫生设备的安装要在结构与装修进行的同时进行穿插，土建工程要为其创造条件，以确保竣工验收。

3. 施工进度计划

（1）基础施工阶段进度安排。工程从 3 月 16 日开始进场做施工准备，时间为 10 d，所以正式开挖时间定为 3 月 26 日。为缩短工期，基坑挖土采用二班制。除挖土外，其他工序均采用分段流水施工的方法。基础阶段施工进度计划见表 3-9。

（2）主体施工阶段进度安排。主体结构施工砌砖分两步架（相当两个施工层）。主体结构施工进度计划见表 3-10。

表 3-10　主体结构施工进度计划

序号	施工过程名称	施工进度 /d														
		21	22	24	26	28	31	32	34	36	38	41	42	44	46	48	51	52	54
1	柱钢筋															
2	砌砖墙															
3	柱梁模板															
4	梁钢筋															
5	浇混凝土															
6	屋面钢筋															
7	浇混凝土															

（3）装修施工阶段进度安排。

装修工程进度计划见表 3-11。

表 3-11 装修工程进度计划

序号	施工过程名称	施工进度 /d																
		56	58	60	62	64	66	68	70	72	74	76	78	80	82	84	86	88	90
1	屋顶陶瓦	————————																	
2	外墙贴面砖					———————													
3	外墙抹灰						——————												
4	外墙喷涂								———										
5	水泥地面			———————————															
6	安装顶棚									———————									
7	顶棚抹灰													————————					
8	内墙抹灰														————————				
9	安装门窗														———————				
10	门窗油漆																———————		
11	安装玻璃																	———————	

※ 模块小结

　　本模块阐述了园林工程施工组织总设计、园林工程单位工程施工组织设计有关知识，具体内容包括施工组织设计的编制依据和编制内容；重点介绍了编制内容中的工程概况、施工部署、施工准备、施工总进度计划、施工质量控制、施工总成本计划、施工总资源计划、施工总平面布置、主要技术经济指标九个方面。通过对本模块内容的学习，学生应掌握园林工程施工组织设计编制的程序，并具备相应的编制能力。

※ 实训练习

　　一、选择题

　　1. 施工组织总设计一般由（　　　）主持编制。

　　　　A. 设计单位　　　　　　　　　　B. 总承包单位

　　　　C. 可研报告编制单位　　　　　　D. 单项工程施工单位

　　2. 施工准备的核心是（　　　）。

　　　　A. 现场准备　　　　　　　　　　B. 技术准备

　　　　C. 资金准备　　　　　　　　　　D. 劳动力准备

　　3. 施工组织设计的主要作用是（　　　）。

　　　　A. 确定施工方案　　　　　　　　B. 确定施工进度计划

　　　　C. 指导工程施工全过程工作　　　D. 指导施工平面图管理

4. 单位工程施工组织设计的编制应在（　　）进行。

  A. 初步设计完成后　　　　　　　　B. 施工图设计完成后

  C. 招标文件发出后　　　　　　　　D. 技术设计完成后

5. 对于复杂的园林工程，需要编制（　　）。

  A. 单位工程施工组织设计　　　　　B. 分部分项工程施工组织设计

  C. 施工组织总设计　　　　　　　　D. 标后施工组织总设计

二、简答题

1. 简述施工组织总设计的编制程序。

2. 项目工程概况主要施工条件包括哪些？

3. 施工部署的主要内容有哪些？

4. 施工准备的主要内容包括哪些？

5. 单位工程施工组织设计应包含哪些内容？

6. 建设项目的组成包括哪些？

7. 简述"四通一平"的内容。

8. 施工组织设计按编制目的不同，可分为哪几类？

班级		姓名		日期	
教学项目			园林工程施工组织设计		
学习项目		学习施工组织设计的概念和内容		学习资源	课本、课外资料
学习目标			查阅资料并结合本模块内容，掌握施工组织设计的原则、依据和内容		
其他内容					
学习记录					
评语					
指导教师：					

实训工作单二

班级		姓名		日期	
教学项目			园林工程施工组织设计		
学习要求		1. 了解施工方案的基本内容。 2. 掌握编制原则及要求。 3. 掌握施工方案的实施			
相关知识			施工工艺及流程		
其他内容			专项施工方案		

学习记录

评语

指导教师：

模块四 流水施工原理与网络计划技术

模块导入

　　园林工程是一种独特的工程建设，在实施园林工程的工作实践中，有三种组织施工方式可供选择，即流水施工、平行施工和依次施工，选择哪种方式要根据工程自身的情况具体分析。流水施工与依次施工、平行施工相比，各种物资需求均衡，既能有效保证投入施工的工作队工作的连续性，又能合理、全面地利用工作面，缩短工期。由于降低了工作队的间歇，施工节奏更加紧凑，而且避免了施工过程中劳动力过分集中导致的资源浪费，因此，可减少工程的间接费用。流水施工法是大部分工程项目进行施工组织首选的一个施工模式。无论是在施工的组织还是实践过程中，都起到重要的作用。

知识目标

1. 了解流水施工与进度计划编制之间的联系。
2. 熟悉流水施工的概念。
3. 掌握流水施工工期的计算方法，掌握横道图的绘制方法。
4. 了解网络图的作用分类和特点。
5. 掌握双代号网络计划、双代号时标网络计划、单代号网络计划的绘制和计算。

1. 能结合相关专业知识，进行一般园林工程施工进度计划的编制。
2. 能编制和调整横道图计划及网络计划。

素质目标

1. 培养分析、解决园林工程施工进度管理中有关实际问题的综合素质与能力。
2. 培养敬业精神及职业道德。

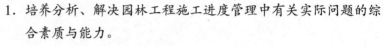

单元一

流水施工原理

【引 言】

　　流水施工是一种科学、有效的工程项目施工组织方法之一。它可以充分地利用工作时间和操作空间，减少非生产性休息消耗，提高生产率，保证工程施工连续、均衡、有节奏地进行，从而显著提高工程质量、降低工程造价、缩短工期。

　　流水施工的组织方式是根据施工类型或施工先后顺序先将整个园林工程项目分解成单个的小项目，也就是将工作性质相同的部分归集到一起，将施工量基本相同的施工段归集到一起，再将施工段从纵向上进行细分，分成若干个施工层。同时，在人员配备过程中，要根据园林工程项目的特点对施工人员进行合理的安排，在较短的时间内完成同等的工作量，这样就提高了工作效率。在园林工程施工体系中，流水施工是最科学的一种施工方式，它不仅合理地分配了员工的工作任务，而且还科学地利用好了时间，减少了非生产性劳动引起的劳动消耗，提高了生产效率，也相应地节约了园林工程施工的成本。

流水施工进度计划的表达形式有以下两种。

（1）横道图。横道图又称甘特图，是以图示的方式通过活动列表和时间刻度形象地表示出任何特定项目的活动顺序与持续时间。横道图分左右两边，左边是横道图的表头，为各施工过程（或施工段）名称；右边是时间表格，用于表示项目进展。横道图的纵坐标为按一定顺序排列的施工过程的名称，横坐标是时间。在此坐标系中，用一系列水平线段表示施工进度，水平线段的长度和位置分别表示某施工过程在某个施工段上的起止时间和先后顺序。

（2）网络图。网络图的表达形式详见"单元二网络计划技术"。

一、流水施工的概念

流水施工是工程项目组织实施的一种管理形式，是由固定组织的工人在若干个工作性质相同的施工环境中依次连续工作的一种施工组织方法。

二、流水施工的基本参数

流水施工的参数是影响流水施工组织节奏和效果的重要因素，是用来表达流水施工在工艺流程、空间布局及时间安排方面开展状态的。为了说明组织流水施工时，各个施工过程在时间和空间上的开展情况及相互依存关系，这里引入一些描述工艺流程、空间布置和时间安排等方面的状态参数，包括工艺参数、空间参数和时间参数。

（一）工艺参数

工艺参数是指组织流水施工时，用以表达流水施工在施工工艺方面进展状态的参数，通常包括施工过程和流水强度两项参数。

1. 施工过程

组织建设工程流水施工时，根据施工组织及计划安排需要而将计划任务划分成的子项称为施工过程。

施工过程的数目一般用小写"n"来表示。它是流水施工的重要参数之一。

任何一个建筑工程都由若干施工过程所组成。每一个施工过程的完成，都必须消耗一定量的劳动力、建筑材料，且需建筑设备、机具相配合，并且需消耗一定的时间和占有一定范围的工作面。因此，施工过程是流水施工中最主要的参数。施工过程划分的数目多少、粗细程度，一般与下列因素有关。

（1）施工计划的性质和作用。对长期计划、建筑群体、规模大、结构复杂和工期长的工程施工控制性进度计划，其施工过程划分可粗些、综合性大些；对中小型单位工程及工期不长的工程施工实施性计划，其施工过程划分可细些、具体些，一般划分至分项工程；对月度作业性计划，有些施工过程还可分解工序，如安装模板、绑扎钢筋、浇筑混凝土等。

（2）施工方案及工程结构。厂房的柱基础与设备基础挖土，如同时施工，可合并为一个施工过程；如先后施工，可分为两个施工过程。承重墙与非承重墙的砌筑也是如此。砖混结构、大墙板结构、装配式框架与现浇钢筋混凝土框架等不同的结构体系，其施工过程划分及其内容也各不相同。

（3）劳动组织及劳动量大小。施工过程的划分与施工班组及施工习惯有关。如安装玻璃、油漆施工可合也可分，因为既有混合班组，也有单一工种班组。施工过程的划分还与劳动量大小有关。劳动量小的施工内容，当组织流水施工有困难时，可与其他施工过程合并。如垫层劳动量较小时，可与挖土合并为一个施工过程，这样可以使各个施工过程的劳动量大致相等，便于组织流水施工。

（4）作业内容和范围。施工过程的划分与其作业内容和范围有关。如直接在施工现场与工程对象上进行的作业内容，可以划入流水施工过程；而场外作业内容（如预制加工、材料与商品混凝土运输等），可以不划入流水施工过程。

根据性质和特点不同，施工过程一般可分为三类，即建造类施工过程、运输类施工过程和制备类施工过程。

1）建造类施工过程，是指在施工对象的空间上直接进行砌筑、安装与加工，最终形成建筑产品的施工过程。

2）运输类施工过程，是指将建筑材料、各类构配件、成品、制品和设备等运输到工地仓库或施工现场使用地点的施工过程。

3）制备类施工过程，是指为了提高建筑产品生产的工厂化、机械化程度和生产能力而形成的施工过程，如砂浆、混凝土、各类制品、门窗等的制备过程和混凝土构件的预制过程。

【特别提示】对于一个工程需要多少个施工过程，并没有统一的规定，通常以能表达一个工程的完整施工过程，又能做到简单明了地进行安排为原则，数量不宜过多（以主导施工过程为主），以便于流水。由于建造类施工过程占有施工对象的空间，直接影响工期的长短，因此，必须将其列入施工进度计划，并在其中大多作为主导施工过程或关键工作。运输类与制备类施工过程一般不占有施工对象的工作面，不影响工期，故不需要列入流水施工进度计划；只有当其占有施工对象的工作面、影响工期时，才会列入施工进度计划。

2．流水强度

流水强度是指流水施工的某施工过程（专业工作队）在单位时间内完成的工程量，也称为流水能力或生产能力。

流水强度通常用大写英文字母 V 来表示。

$$V = \sum_{i=1}^{X} R_i \cdot S_i$$

式中　V——某施工过程（队）的流水强度；

　　　R_i——投入该施工过程的第 i 种资源量（施工机械台数或工人数）；

　　　S_i——投入该施工过程的第 i 种资源的产量定额；

　　　X——投入该过程的资源种类数。

（二）空间参数

空间参数是指在组织流水施工时，用以表达流水施工在空间上开展状态的参数。通常包括工作面、施工段和施工层 3 种。

1. 工作面

工作面是指安排专业工人进行操作或者布置机械设备进行施工所需的活动空间。工作根据专业工种的计划产量定额和安全施工技术规程确定，反映了工人操作、机械运转在空间布置上的具体要求。在施工作业时，无论是人工还是机械都需有一个最佳的工作面，才能发挥其最佳效率。最小工作面对应安排的施工人数和机械数是最多的。它决定了某个专业队伍的人数及机械数的上限，直接影响某个工序的作业时间，因而工作面确定是否合理直接关系到作业效率和作业时间，因此，必须合理确定工作面。工作面一般用 "a" 表示。

2. 施工段

将施工对象在平面或空间上划分成若干个劳动量大致相等的施工段落，称为施工段或流水段。施工段的数目一般用 m 表示，它是流水施工的主要参数之一。

（1）划分施工段的目的。划分施工段是为了组织流水施工，给施工班组提供施工空间。人为地将拟建工程项目在平面上划分为若干个劳动量大致相等的施工区段，以便不同班组在不同的施工段上流水施工，互不干扰。

（2）划分施工段的原则。

1）专业班组在各个施工段的劳动量要大致相等（相差不宜超过 15%）。

2）施工段分界线要保证拟建工程项目结构的整体完整性，应尽可能与结构的自然界线相一致；同时，满足施工技术的要求，例如结构上不允许留设施工缝的部位不能作为划分施工段的界线。

3）为了充分发挥主导机械和工人的效率，每个施工段要有足够的工作面，使其容纳的劳动力人数或机械台数能满足合理劳动组织的要求。

4）对于多层建筑物、构筑物或需要分层施工的工程，应既分施工段又分施工层。各专业工作队依次完成第一施工层中各施工段任务后，再转入第二施工层的施工段上作业，以此类推。以确保相应专业队在施工段与施工层之间，组织连续、均衡、有节奏的流水施工。因此，每一层的施工段数必须大于或等于其施工过程数 n，即

$$m \geqslant n$$

式中　m——分层流水施工时的施工段数目;

　　　n——流水施工的施工过程数或作业班组数。

※ 知识链接

　　某两层现浇钢筋混凝土结构房屋的主体工程,在组织流水施工时将主体工程划分为 3 个施工过程,即支模板、绑扎钢筋和浇筑混凝土。设每个施工过程在各个施工段上施工所需时间均为 2 d。当施工段数目不同时,流水施工的组织情况也有所不同。

　　(1)当 $m = n$,即每层分 3 个施工段组织流水施工时,其流水施工进度安排如图 4-1 所示。从图中可以看出,各施工班组均能保持连续施工,每一施工段有施工班组,工作面能充分利用,无停歇现象,工人也不会产生窝工现象。这是比较理想的情况。

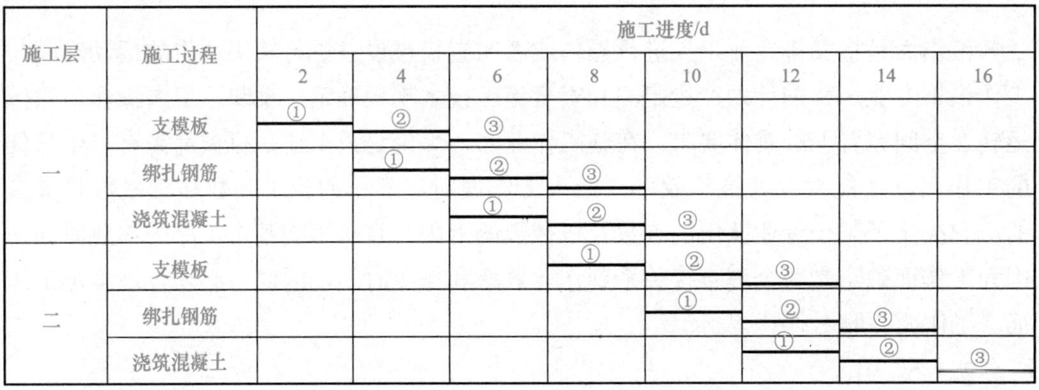

施工层	施工过程	施工进度/d							
		2	4	6	8	10	12	14	16
一	支模板	①	②	③					
	绑扎钢筋		①	②	③				
	浇筑混凝土			①	②	③			
二	支模板				①	②	③		
	绑扎钢筋					①	②	③	
	浇筑混凝土						①	②	③

图 4-1　$m = n$ 时的施工进度计划

　　(2)当 $m > n$,即每层分 4 个施工段组织流水施工时,其进度安排如图 4-2 所示。从图 4-2 中可以看出,各个施工过程或作业班组能保证连续施工,但所划分的施工段会出现空闲。但这种情况并不一定有害,它可以用于技术间歇时间和组织间歇时间。

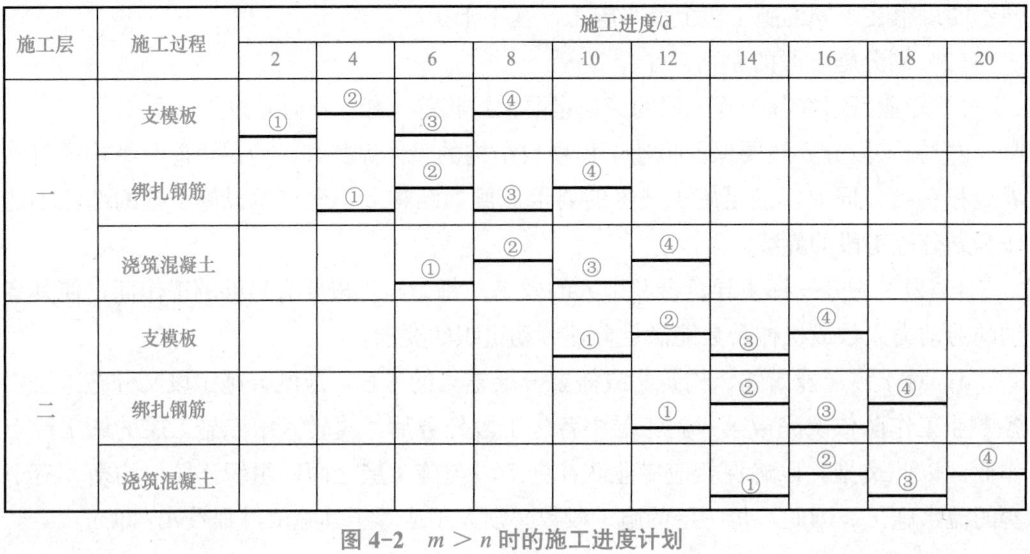

施工层	施工过程	施工进度/d									
		2	4	6	8	10	12	14	16	18	20
一	支模板	①	②	③	④						
	绑扎钢筋		①	②	③	④					
	浇筑混凝土			①	②	③	④				
二	支模板					①	②	③	④		
	绑扎钢筋						①	②	③	④	
	浇筑混凝土							①	②	③	④

图 4-2　$m > n$ 时的施工进度计划

（3）当 $m < n$，即每层分两个施工段组织流水施工时，其进度安排如图 4-3 所示。从图中可以看出，各个施工过程或作业班组不能连续施工而会出现窝工现象，这对一个建筑物组织流水施工是不适宜的。但有若干幢同类型建筑物时，且施工对象规模较小，确实不可能划分较多的施工段时，可以一个建筑物为一个施工段，组织幢号大流水施工，以保证施工班组连续作业，不出现窝工现象。

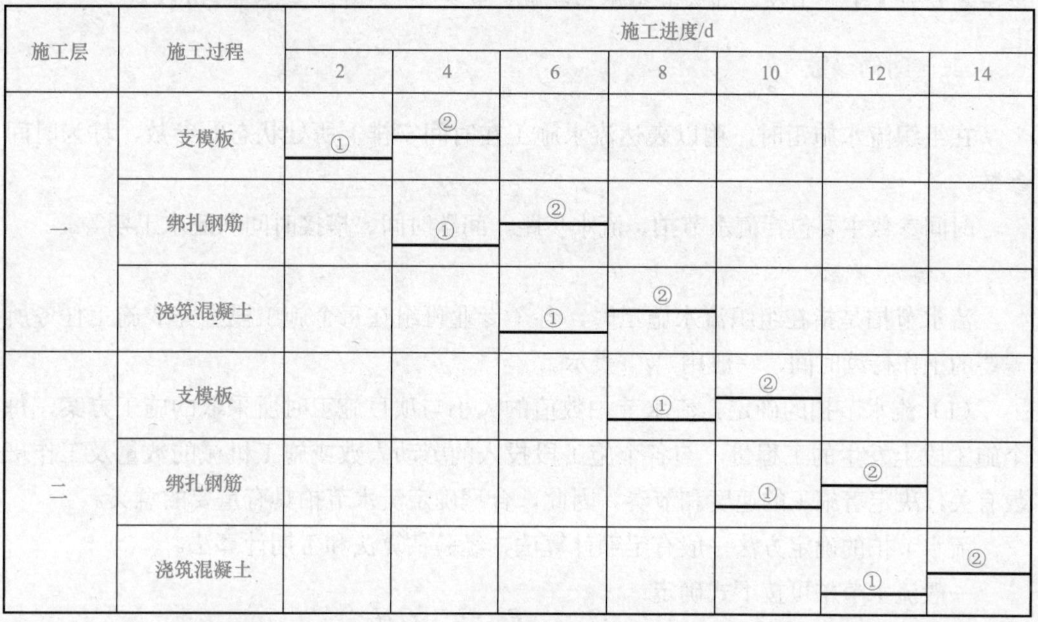

施工层	施工过程	施工进度/d						
		2	4	6	8	10	12	14
一	支模板	①	②					
	绑扎钢筋		①	②				
	浇筑混凝土			①	②			
二	支模板				①	②		
	绑扎钢筋					①	②	
	浇筑混凝土						①	②

图 4-3　$m < n$ 时的施工进度计划

施工段划分的一般部位要有利于结构的整体性，应考虑施工工程对象的轮廓形状、平面组成及结构构造上的特点。在满足施工段划分基本要求的前提下，可按下述几种情况划分施工段的部位：

（1）对设置有伸缩缝、沉降缝的建筑工程，可按此缝为界划分施工段。

（2）对单元式的住宅工程，可按单元为界分段，必要时以半个单元处为界分段。

（3）对道路、管线等按长度方向延伸的工程，可以一定长度作为一个施工段。

（4）对多幢同类型建筑，可以一幢房屋作为一个施工段。

【特别提示】施工段数 m 不能过大；否则，施工材料、作业人员、机械设备过于集中，影响施工效率和效益，同时容易发生安全生产事故。

3. 施工层

对于多层、高层的建筑物、构筑物，应既划分施工段，又划分施工层。施工层是指为满足竖向流水施工的需要，在建筑物垂直方向上划分的施工区段。施工层的划分视工程对象的具体情况而定，一般以建筑物的结构层作为施工层；有时为方便施工，也可以按一定高度划分施工层。

单位工程施工组织设计的管理

单层工业厂房砌筑工程一般按 1.2～1.4 m（一步脚手架的高度）划分为一个施工层。如一个 16 层的全现浇剪力墙结构的房屋，其结构层数就是施工层数。如果该房屋每层划分为 3 个施工段，那么其总施工段数：$m = 16$ 层 ×3 段 / 层 ＝ 48 段。

（三）时间参数

在组织流水施工时，用以表达流水施工在时间安排上所处状态的参数，称为时间参数。

时间参数主要包括流水节拍、流水步距、间歇时间、搭接时间和流水工期等。

1. 流水节拍

流水节拍是指在组织流水施工时，各个专业班组在每个施工段上完成施工任务所需要的工作持续时间，一般用"t"表示。

（1）流水节拍的确定。流水节拍数值的大小与项目施工时所采取的施工方案，每个施工段上发生的工程量，与各个施工段投入的劳动人数或施工机械的数量及工作班数有关，决定着施工的速度和节奏。因此，合理确定流水节拍具有重要的意义。

流水节拍的确定方法一般有定额计算法、经验估算法和工期计算法。

一般流水节拍可按下式确定：

$$t_i = \frac{Q_i}{S_i R Z_i} = \frac{P_i}{R_i Z_i} \quad t_i = \frac{Q_i H_i}{R_i Z_i}$$

一般流水节拍可按下式确定：

$$t_i = \frac{Q_i}{S_i R_i b_i \cdot m} = \frac{P_i}{R_i b_i \cdot m}$$

或

$$t_i = \frac{Q_i H_i}{R_i b_i \cdot m} = \frac{P_i}{R_i b_i \cdot m}$$

式中　t_i——某专业班组在第 i 施工段上的流水节拍；

　　　　P_i——某专业班组在第 i 施工段上需要的劳动量或机械台班数量；

　　　　R_i——某专业班组的人数或机械台数；

　　　　b_i——某专业班组的工作班数；

　　　　Q_i——某专业班组在第 i 施工段上需要完成的工程量；

　　　　S_i——某专业班组的计划产量定额（如 m³/ 工日）；

　　　　H_i——某专业班组的计划时间定额（如工日 /m³）；

　　　　m——流水施工划分的施工段数。

如果根据工期要求采用倒排进度的方法确定流水节拍，则可用以上公式反算出所需要的工人数或机械台班数。但在此时，必须检查劳动力、材料和施工机械供应的可能性，以及工作面是否足够等。

（2）确定流水节拍的要点。

1）施工班组人数主要符合该施工过程最少劳动组合人数的要求。例如，现浇钢筋混凝土施工过程包括上料、搅拌、运输、浇捣等施工操作环节。如果施工班组人数太少，是无法组织施工的。

2）要考虑工作面的大小或某种条件的限制，施工班组人数也不能太多，每个工人的工作面要符合最小工作面的要求；否则，就不能发挥正常的施工效率或不利于安全生产。

3）要考虑各种机械台班的效率（吊装次数）或机械台班产量的大小。

4）要考虑各种材料、构件等施工现场堆放量、供应能力及其他有关条件的制约。

5）要考虑施工及技术条件的要求。例如，不能留设施工缝必须连续浇筑的钢筋混凝土工程，有时要按三班制工作的条件决定流水节拍，以确保工程质量。

6）确定一个分部工程各个施工过程的流水节拍时，首先应考虑主要的工程量大的施工过程节拍（它的节拍数值最大，对工程起主要作用），其次确定其他施工过程的节拍值。

7）流水节拍的数值一般取整数，但必要时可取 0.5。

※ 案例实训 4-1

某土方工程施工，工程量为 425.86 m³，分两个施工段，采用人工开挖，每段的工程量相等，每班工人数为 18 人，一个工作班次挖土，已知时间定额为 0.51 工日 /m³，试求该土方施工的流水节拍。

【解】由 $t_i = \dfrac{Q_i H_i}{R_i b_i \cdot m} = \dfrac{425.86 \times 0.51}{1 \times 18 \times 2} = 6$（d）

即该土方施工的流水节拍为 6 d。

2. 流水步距

流水步距是指在组织流水施工时，相邻的两个施工专业班组先后进入同一个施工段开始施工的间隔时间。通常以 $K_{i,\,i+1}$ 表示（i 表示前一个施工过程，$i+1$ 表示后一个施工过程）。它是流水施工的主要参数之一。

流水步距的数目取决于参加流水的施工过程数。如果施工过程数为 n 个，则流水步距的总数为 $n-1$ 个。

流水步距的大小，对工期有着较大的影响。在施工段不变的条件下，流水步距越大，工期越长；流水步距越小，则工期越短。

流水步距还与前后两个相邻施工过程流水节拍的大小、施工工艺技术要求、是否有技术和组织间歇时间，施工段数目、流水施工的组织方式等有关。

确定流水步距时，一般应满足以下基本要求。

（1）满足主要施工班组连续施工，不发生停工、窝工现象。

（2）满足施工工艺要求。

（3）满足最大限度搭接的要求。

（4）要满足保证工程质量、安全、成品保护的需要。

根据以上基本要求，在不同的流水施工组织形式中，可以采用不同的方法确定流水步距。

3．间歇时间

间歇时间（Z）包含两种情况：一种是技术间歇时间；另一种是组织间歇时间。

（1）技术间歇时间。在组织流水施工中，除考虑两相邻施工过程间的正常流水步距外，有时还应根据施工工艺的要求考虑工艺间合理的时间间隔。如混凝土浇筑后的养护时间、砂浆抹面和油漆面的干燥时间等，均为技术间歇时间，它的存在会使工期延长。

（2）组织间歇时间。在流水施工中，由于施工技术或施工组织的原因，两相邻的施工过程在规定的流水步距以外增加必要的时间间隔，称为组织间歇时间。例如，回填土以前对埋设的地下管道进行检查验收所耗费的时间；又如，基础混凝土浇筑并养护后，施工人员必须进行主体结构轴线位置的弹线；还有施工人员、机械设备转移所耗费的时间等。

4．搭接时间

搭接时间（C）又称平行搭接时间，是指前后两个施工过程（施工班组）在同一施工段上有一段进行平行搭接施工，这个搭接时间称为搭接时间。平行搭接施工可使工期进一步缩短，施工更趋合理。

5．流水工期

流水施工工期（T）是指从第一个专业工作队投入流水施工开始，到最后一个专业工作队完成流水施工为止的整个持续时间。由于一项建设工程往往包含许多流水组，故流水施工工期一般均不是整个工程的总工期。

三、流水施工的基本组织方式

在流水施工中，由于流水节拍的规律不同，决定了流水步距、流水施工工期的计算方法等也不同，甚至影响各个施工过程的专业工作队数目。因此，有必要按照流水节拍的特征将流水施工进行分类，如图4-4所示。

图 4-4　按流水节拍特征分类

（一）有节奏流水施工

有节奏流水施工是指在组织流水施工时，同一个施工过程在各个施工段上的流水节拍都相等的一种流水施工方式。根据不同施工过程之间的流水节拍是否相等，有节奏流水又可分为等节奏流水施工和异节奏流水施工。

1．等节奏流水施工

等节奏流水施工是指同一个施工过程在各个施工段上的流水节拍都相等，并且不同施工过程之间的流水节拍也相等的流水施工方式，即各个施工过程的流水节拍均为常数，故称为全等节拍流水或固定节拍流水。

（1）等节拍流水施工的特点。等节拍流水施工是一种最理想的流水施工方式。其特点如下。

1）所有施工过程在各个施工段上的流水节拍均相等。

2）相邻施工过程的流水步距相等，且等于流水节拍。

3）专业工作队数等于施工过程数，即每个施工过程成立一个专业工作队，由该专业工作队完成相应施工过程所有施工段上的任务。

4）各个专业工作队在各个施工段上能够连续作业，施工段之间没有空闲时间。

（2）等节拍流水施工的组织方法。

1）确定项目施工起点流向，分解施工过程。

2）确定施工顺序，划分施工段。

3）确定流水节拍，根据全等节拍流水要求，应使各流水节拍相等。

4）确定流水步距，$k = t$。

5）计算流水施工的工期。

流水施工的工期可按下式进行计算：

$$T = (m \cdot r + n - 1) \cdot k$$

式中　T——施工总工期；

　　　r——施工层数；

　　　m——施工段数；

　　　n——施工过程数；

　　　k——流水节拍值。

（3）等节拍流水施工示例。

【例 4-1】 某分部工程由 4 个分项工程组成，划分成 5 个施工段，流水节拍均为 3 d，无技术组织间歇，试确定流水步距，计算工期并绘制流水施工进度表。

【解】 由已知条件可知，宜组织全等节拍流水。

① 确定流水步距。由全等节拍专业流水的特点知：

$$k = t = 3 \text{ d}$$

② 计算工期：

$$T = (m+n-1) \cdot k = (5+4-1) \times 3 = 24 \text{ (d)}$$

③ 绘制流水施工进度表，如图 4-5 所示。

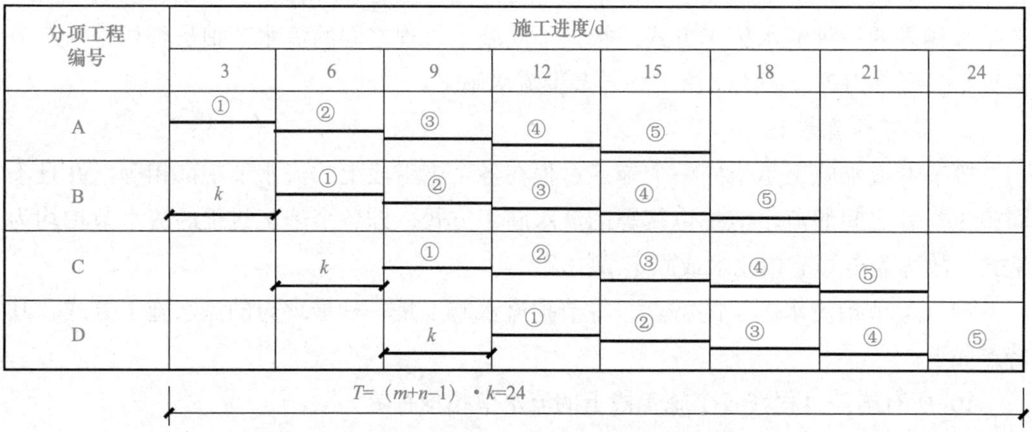

分项工程编号	施工进度/d							
	3	6	9	12	15	18	21	24
A	①	②	③	④	⑤			
B	k	①	②	③	④	⑤		
C		k	①	②	③	④	⑤	
D			k	①	②	③	④	⑤

$$T = (m+n-1) \cdot k = 24$$

图 4-5　等节拍专业流水施工进度表

※ 案例实训 4-2

某工程划分为 A、B、C、D 4 个施工过程，每个施工过程分 3 个施工段，流水节拍为 3 d。无技术组织间歇，试组织流水施工，确定流水步距，计算工期，并绘制流水施工进度表。

2. 异节奏流水施工

异节奏流水施工是指同一个施工过程在各个施工段上的流水节拍都相等，但不同施工过程之间的流水节拍不完全相等的一种流水施工方式。异节奏流水又可分为等步距异节拍流水（成倍节拍流水）和异步距异节拍流水（不等节拍流水）。

（1）成倍节拍流水施工。成倍节拍流水施工的组织方式：首先，根据工程对象和施工要求，划分若干个施工过程；其次，根据各个施工过程的内容、要求及其工程量，计算每个施工过程在每个施工段所需的劳动量；再次，根据施工班组人数及组成，确定劳动量最少的施工过程的流水节拍；最后，确定其他劳动量较大的施工过程的流水节拍，用调整施工班组人数或其他技术组织措施的方法，使它们的节拍值分别等于最小节拍的整数倍。

当同一施工过程在各个施工段上的流水节拍都相等，不同施工过程之间彼此的流水节拍全部或部分不相等但互为倍数时，可组织成倍节拍流水施工。

1）成倍节拍流水的基本特点。

①同一施工过程在各个施工段上的流水节拍彼此相等，不同的施工过程在同一施工段上的流水节拍彼此不同，但互为倍数关系。

②流水步距彼此相等，且等于流水节拍的最大公约数。

③各专业工作队都能够保证连续施工，施工段没有空闲。

④专业工作队数大于施工过程数，即 $n_1 > n$。

2）成倍节拍流水组织的步骤。

①确定施工起点流向，分解施工过程。

②确定流水节拍。

③确定流水步距 k_b，计算公式为 $k_b = \{t_1, t_2, t_3, t_4, \cdots\}$ 最大公约数。

④确定专业工作队数，计算公式为

$$n_1 = \sum_{j=1}^{n} b_j = \sum_{j=1}^{n} \frac{t_j}{k_b}$$

式中 j——施工过程 j 在各个施工段上的流水节拍；

   b_j——施工过程 j 所要组织的专业工作队数；

   n_1——专业工作队总数。

⑤确定施工段数。

a. 不分施工层时，可按划分施工段的原则确定施工段数，不一定要求 $m \geq n$。

b. 分施工层时，施工段数为

$$m \geq n + \frac{\sum Z_1}{k_b} + \frac{\sum Z_2}{k_b} - \frac{\sum C}{k_b}$$

⑥确定计划总工期：

$$T = (m \cdot r + n_1 - 1) \cdot k_b + \sum Z_1 - \sum C$$

式中 r——施工层数；

   n_1——专业施工队数；

   k_b——流水步距。

   其他符号含义同前。

⑦绘制流水施工进度图表。

3）成倍节拍流水施工示例。

【例 4-2】 某项目由Ⅰ、Ⅱ、Ⅲ三个施工过程组成，流水节拍分别为 $t_I = 2$ d、$t_{II} = 6$ d、$t_{III} = 4$ d，试组织等步距的异节拍流水施工，并绘制流水施工进度图表。

【解】①确定流水步距。

K = 最大公约数 $\{t_I, t_{II}, t_{III}\}$ = 最大公约数 $\{2 \text{ d}, 6 \text{ d}, 4 \text{ d}\}$ = 2 d

②确定工作队数。

$$b_{\text{I}} = t_{\text{I}}/K = 2/2 = 1 \text{（个）}$$
$$b_{\text{II}} = t_{\text{II}}/K = 6/2 = 3 \text{（个）}$$
$$b_{\text{III}} = t_{\text{III}}/K = 4/2 = 2 \text{（个）}$$
$$n_1 = \sum b = b_{\text{I}} + b_{\text{II}} + b_{\text{III}} = 1 + 3 + 2 = 6 \text{（个）}$$

③求施工段数 m。为了使各专业工作队都能连续工作，取 $m = n_1 = 6$ 段。

④计算工期 T。

$$T = (m \cdot r + n_1 - 1) \cdot k + \sum Z + \sum G - \sum C = (6 \times 1 + 6 - 1) \times 2 + 0 + 0 - 0 = 22 \text{（d）}$$

⑤绘制流水施工进度表，如图 4-6 所示。

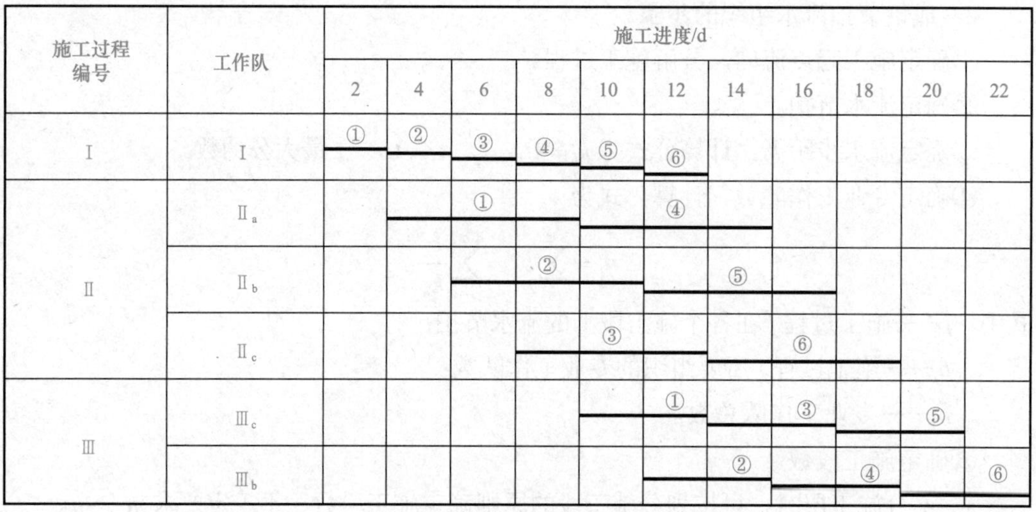

施工过程编号	工作队	施工进度/d										
		2	4	6	8	10	12	14	16	18	20	22
I	I	①	②	③	④	⑤	⑥					
II	II_a			①			④					
	II_b				②			⑤				
	II_c				③				⑥			
III	III_c					①			③		⑤	
	III_b						②		④			⑥

图 4-6　流水施工进度表

【例 4-3】　某两层工程，施工过程包括 A、B、C 三个施工过程。其流水节拍：$t_A = 2$ d，$t_B = 2$ d，$t_C = 1$ d。当 A 过程的工作队转移到第二层第一段时，需等待第一层第一段的 C 工作进行组织间歇一天后才能进行，试组织等步距异节拍流水施工，并绘制流水施工进度表。

【解】①确定流水步距。

$$K = \text{最大公约数} \{t_A, t_B, t_C\} = \text{最大公约数} \{2 \text{ d}, 2 \text{ d}, 1 \text{ d}\} = 1 \text{ d}$$

②确定工作队数。

$$b_A = t_A/K = 2/1 = 2 \text{（个）}$$
$$b_B = t_B/K = 2/1 = 2 \text{（个）}$$
$$b_C = t_C/K = 1/1 = 1 \text{（个）}$$
$$n_1 = \sum b = b_A + b_B + b_C = 2 + 2 + 1 = 5 \text{（个）}$$

③求施工段数 m。为了使各专业工作队都能连续工作，取 $m = n_1 = 5$ 段。

④计算工期 T。

$$T = (j \cdot m + n_1 - 1) \cdot k + \sum Z + \sum G - \sum C = (2 \times 6 + 5 - 1) \times 1 + 0 + 0 - 0 = 16 \text{（d）}$$

⑤绘制流水施工进度表，如图 4-7 所示。

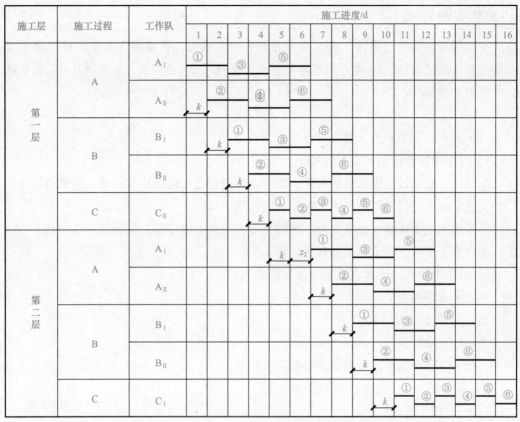

图 4-7 流水施工进度表

※ 案例实训 4-3

某项目由 Ⅰ、Ⅱ、Ⅲ 三个施工过程组成，流水节拍分别为 2 d、6 d、4 d。试组织成倍节拍流水施工，并绘制流水施工的横道图进度表，如图 4-8 所示。

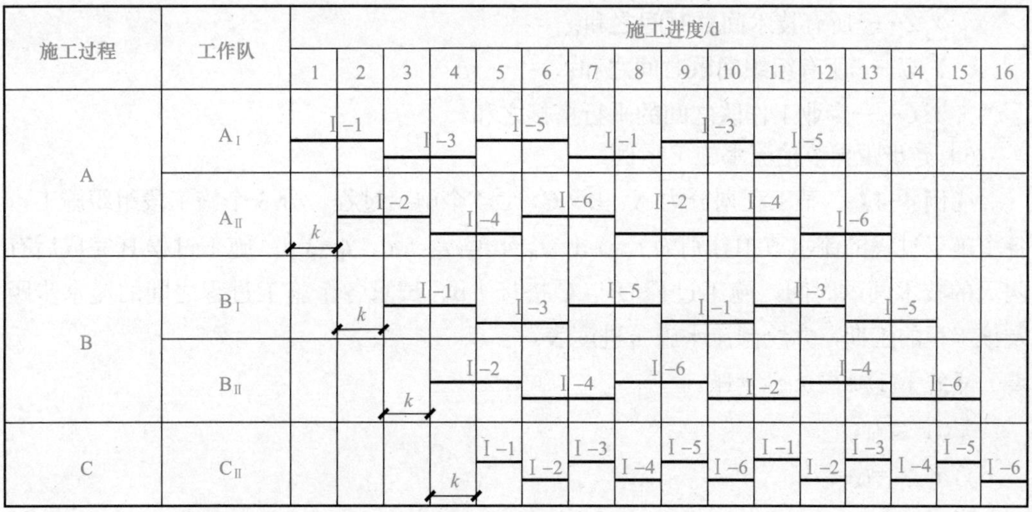

施工过程	工作队	施工进度/d															
		1	2	3	4	5	6	7	8	9	10	11	12	13	14	15	16
A	A_I	I-1		I-3		I-5		I-1		I-3		I-5					
A	A_{II}	k		I-2		I-4		I-6		I-2		I-4			I-6		
B	B_I			k		I-1		I-3		I-5		I-1		I-3		I-5	
B	B_{II}				k		I-2		I-4		I-6		I-2		I-4		I-6
C	C_{II}					k	I-1	I-2	I-3	I-4	I-5	I-6	I-1	I-2	I-3	I-4	I-5 I-6

图 4-8 流水施工的横道图进度表

某二层现浇钢筋混凝土工程，有支模板、绑扎钢筋、浇混凝土 3 道工序，流水节拍分别为 4 d、2 d、2 d。绑扎钢筋与支模板可搭接 1 d，层间技术间歇为 1 d。试组织成倍节拍流水施工。

（2）异步距异节拍流水施工。

1）异步距异节拍流水施工的特征。

①同一个施工过程流水节拍相等，不同施工过程之间的流水节拍不一定相等。

②各个施工过程之间的流水步距不一定相等。

③各施工工作队能够在施工段上连续作业，但有的施工段之间可能存在空闲。

④专业工作队数等于施工过程数，即 $n_1=n$。

2）异步距异节拍流水施工主要参数的确定。

①流水步距的确定。

当 $t_i \leqslant t_{i+1}$ 时，$K_{i,\,i+1}=t_i$

当 $t_i > t_{i+1}$ 时，$K_{i,\,i+1}=mt_i-（m-1）t_{i+1}$

式中　t_i——第 i 个施工过程的流水节拍；

　　　t_{i+1}——第 $i+1$ 个施工过程的流水节拍；

　　　m——施工段数。

②流水施工工期 T。

$$T=\sum K_{i,\,i+1}+\sum t_n+\sum Z+\sum G-\sum C$$

式中　T——流水施工的计划工期；

　　　$K_{i,\,i+1}$——专业工作队 i 与 $i+1$ 之间的流水步距；

　　　$\sum t_n$——最后一个施工过程在各个施工段流水节拍之和；

　　　$\sum Z$——所有技术间歇时间之和；

　　　$\sum G$——所有组织间歇时间之和；

　　　$\sum C$——专业工作队之间的平行搭接之和。

3）异步距异节拍流水施工示例。

【例 4-4】　某工程划分为 A、B、C、D 4 个施工过程，分 3 个施工段组织施工，各个施工过程的流水节拍分别为 $t_A=3$ d，$t_B=4$ d，$t_C=5$ d，$t_D=3$ d；施工过程 B 完成后有两天的技术间歇时间，施工过程 D 与 C 搭接 1 d。试求各个施工过程之间的流水步距及该工程的工期，并绘制流水施工进度表。

【解】①确定流水步距。

∵ $t_A < t_B$

∴ $K_{A,\,B}=t_A=3$ d

∵ $t_B < t_C$

$\therefore K_{B, C}=t_B=4 \text{ d}$

$\because t_C > t_D=4 \text{ d}$

$\therefore K_{C, D}=mt_C-（m-1）t_D=3\times5-（3-1）\times3=9（\text{d}）$

②计算流水工期。

$$T=\sum K_{i, i+1}+\sum t_n+\sum Z+\sum G-\sum C=（3+4+9）+3\times3+2-1=26（\text{d}）$$

③绘制流水施工进度表（图4-9）。

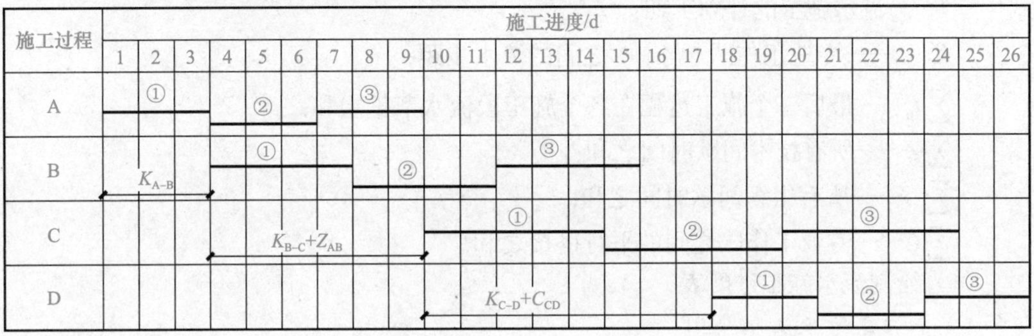

图 4-9　流水施工进度表

（二）无节奏流水施工

在项目实际施工中，通常每个施工过程在各个施工段完成的工程量彼此不等，各专业工作队的生产效率相差较大，导致大多数的流水节拍彼此不相等，不可能组织成等节拍专业流水或异节拍专业流水。在这种情况下，往往利用流水施工的基本概念，在保证施工工艺、满足施工顺序要求的前提下，按照一定的计算方法，确定相邻专业工作队之间的流水步距，使其在开工时间上最大限度地、合理地搭接起来，形成每个专业工作队都能连续作业的流水施工方式。这种方式称为无节奏专业流水，也叫作分别流水。它是流水施工的普遍形式。

1. 无节奏流水施工的基本特点

（1）每个施工过程在各个施工段上的流水节拍不尽相等。

（2）在多数情况下，流水步距彼此不相等，而且流水步距与流水节拍两者之间存在着某种函数关系。

（3）各专业工作队都能连续施工，个别施工段可能有空闲。

（4）专业工作队数等于施工过程数，即 $n_1=n$。

2. 无节奏流水施工的组织步骤

（1）确定施工起点流向，分解施工过程。

（2）确定施工顺序，划分施工段。

（3）按相应的公式计算各个施工过程在各个施工段上的流水节拍。

（4）按一定的方法确定相邻两个专业工作队之间的流水步距。

因每一个施工过程的流水节拍不相等，故采用"累加错位相减取大差法"计算。

第一步是将每个施工过程的流水节拍逐段累加；第二步是错位相减；第三步是取差数最大者作为流水步距。

（5）按以下公式计算流水施工的计划工期：

$$T = \sum_{j=1}^{n-1} K_{j,\ j+1} + \sum_{i=1}^{m} t_i^{zh} + \sum Z + \sum G - \sum C_{j,\ j+1}$$

$$T = \sum K_{i,\ i+1} + \sum t_n + \sum Z + \sum G - \sum C$$

式中　　T——流水施工的计划工期；

$K_{i,\ i+1}$——专业工作队 i 与 $i+1$ 之间的流水步距；

$\sum t_n$——最后一个施工过程在各个施工段流水节拍之和；

$\sum Z$——所有技术间歇时间之和；

$\sum G$——所有组织间歇时间之和；

$\sum C$——专业工作队之间的平行搭接之和。

（6）绘制流水施工进度表。

3. 无节奏流水施工示例

【例 4-5】　某工程流水节拍见表 4-1，试确定流水步距。

表 4-1　某工程流水节拍

施工过程	施工段			
	①	②	③	④
Ⅰ	3	2	4	2
Ⅱ	2	3	3	2
Ⅲ	4	2	3	2

【解】1）求各个施工过程流水节拍的累加数列。

Ⅰ：3，5，9，11

Ⅱ：2，5，8，10

Ⅲ：4，6，9，11

2）确定流水步距。

错位相减

$K_{Ⅰ-Ⅱ}$

$$
\begin{array}{rrrrrr}
Ⅰ: & 3, & 5, & 9, & 11 & \\
-) \quad Ⅱ: & & 2, & 5, & 8, & 10 \\
\hline
& 3 & 3 & 4 & 3 & -10
\end{array}
$$

$K_{Ⅰ-Ⅱ}=\max\{3,\ 3,\ 4,\ 3,\ -10\}=4$（d）

$K_{\mathrm{II}-\mathrm{III}}$

$$
\begin{array}{lllll}
\mathrm{II}: & 2, & 5, & 8, & 10 \\
-) \quad \mathrm{III}: & & 4, & 6, & 9, & 11 \\
\hline
& 2 & 1 & 2 & 1 & -11
\end{array}
$$

$K_{\mathrm{II}-\mathrm{III}}=\max\{2,1,2,1,-11\}=2$（d）

3）施工工期。流水施工的工期按下式计算：

$$T=\sum K_{i,i+1}+\sum t_n+\sum Z+\sum G-\sum C$$

式中 T——流水施工工期；

$\sum t_n$——最后一个施工过程在各个施工段流水节拍之和。

【例 4-6】 已知某无节奏专业流水的各个施工过程在各个施工段上的流水节拍见表 4-2，试组织无节奏流水施工。

表 4-2 流水节拍

施工过程	施工段			
	①	②	③	④
I	3	5	5	6
II	4	4	6	3
III	3	5	4	4
IV	5	3	3	2

【解】1）求各个施工过程流水节拍的累加数列。

I：3，8，13，19

II：4，8，14，17

III：3，8，12，16

IV：5，8，11，13

2）确定流水步距。

错位相减

$K_{\mathrm{I}-\mathrm{II}}$

$$
\begin{array}{lllll}
\mathrm{I}: & 3, & 8, & 13, & 19 \\
-) \quad \mathrm{II}: & & 4, & 8, & 14, & 17 \\
\hline
& 3 & 4 & 5 & 5 & -17
\end{array}
$$

$$K_{\text{I}-\text{II}}=\max\{3,\ 4,\ 5,\ 5,\ -17\}=5\text{（d）}$$

$K_{\text{II}-\text{III}}$

$$
\begin{array}{llllll}
& \text{II:} & 4, & 8, & 14, & 17 \\
-) & \text{III:} & & 3, & 8, & 12, & 16 \\
\hline
& & 4 & 5 & 6 & 5 & -16
\end{array}
$$

$$K_{\text{II}-\text{III}}=\max\{4,\ 5,\ 6,\ 5,\ -16\}=6\text{（d）}$$

$K_{\text{III}-\text{IV}}$

$$
\begin{array}{llllll}
& \text{III:} & 3, & 8, & 12, & 16 \\
-) & \text{IV:} & & 5, & 8, & 11, & 13 \\
\hline
& & 3 & 3 & 4 & 5 & -13
\end{array}
$$

$$K_{\text{III}-\text{IV}}=\max\{3,\ 3,\ 4,\ 5,\ -13\}=5\text{（d）}$$

3）确定施工工期。

$$T=\sum K_{i,\ i+1}+\sum t_n+\sum Z+\sum G-\sum C=（5+6+5）+（5+3+3+2）+0+0-0=29\text{（d）}$$

4）绘制流水施工进度表，如图4-10所示。

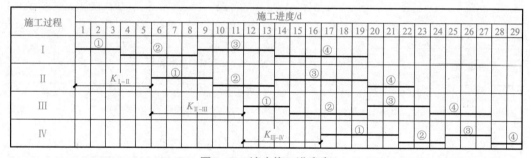

图4-10　流水施工进度表

【特别提示】无节奏流水不像有节奏流水那样有一定的时间约束，在进度安排上比较灵活、自由，适用各种不同结构性质和规模的工程施工组织，实际应用比较广泛。

※ 案例实训 4-5

某工程有3道工序，即保温层→找平层→卷材层，分3段进行流水施工，试分别绘制该工程时间连续和空间连续的横道图进度计划。各工序在各个施工段上的作业持续时间见表4-3。

表 4-3　各工序作业持续时间　　　　　　　　　　　d

施工过程	第 1 段	第 2 段	第 3 段
保温层	3	3	4
找平层	2	2	3
卷材层	1	1	2

【特别提示】在工程施工中，需要组织很多施工过程的活动。在组织这些施工过程的活动中，我们把在施工工艺上互相联系的施工过程组成不同的专业组合（如基础工程、主体工程以及装饰工程等），然后对各专业组合，按其组合的施工过程的流水节拍特征，分别组织成独立的流水组进行分别流水，这些流水组的流水参数可以是不相等的，组织流水的方式也可能有所不同。最后将这些流水组按照工艺要求和施工顺序依次搭接起来，即成为一个工程对象的工程流水或一个建筑群的流水施工。

四、流水施工综合案例

某二层公园观景台，其主体结构为现浇钢筋混凝土框架，框架全部为 6 m×6 m 的单元构成。横向为 3 个单元，纵向为 21 个单元，划分为 3 个温度区段。施工工期为 45 个工日。劳动力：木工不得超过 20 人，混凝土工与钢筋工可根据计划要求配备。机械设备：J1-400 混凝土搅拌机 2 台，混凝土振捣器和卷扬机可根据计划配备。

综上分析进行施工进度安排如下。

1. 计算工程量与劳动量

本工程每层每个温度区段的模板、钢筋、混凝土的工程量根据施工图计算；定额根据劳动定额手册和工人的实际生产率确定。劳动量按工程量和定额计算，见表 4-4。

表 4-4　施工过程及其需要劳动量

施工过程	需要劳动量 / 工日		附注
	一层	二层	
绑扎柱钢筋	13	12.3	包括楼梯
支模板	55.44	54.7	包括楼梯
绑扎梁板钢筋	28.1	28.1	包括楼梯
浇筑混凝土	101.5	99.75	包括楼梯

2. 划分施工过程

本工程框架部分采用以下施工顺序：绑扎柱钢筋→支柱模板→支主梁模板→支次梁模板→支板模板→绑扎梁钢筋→绑扎板钢筋→浇筑柱混凝土→浇筑梁板混凝土。

根据施工顺序和劳动组织，划分为 4 个施工过程，即绑扎柱钢筋、支模板、绑扎梁板钢筋、浇筑混凝土。各个施工过程中均包括楼梯间部分。

3. 按划分的施工段确定流水节拍及绘制施工进度计划

由于本工程 3 个温度区段大小一致，各层构造基本相同，各个施工过程工程量相差均小于 15%，所以，首先考虑组织全等节拍或成倍节拍流水。

（1）划分施工段。考虑结构的整体性，以温度缝为分界线，每层至少划分 3 个施工段。拟采用全等节拍流水。

$n=4$，$k=t$，$r=2$，$Z_2=1.5$（根据气温条件，混凝土达到终凝强度需要 36 h），$\sum Z_1=0$。

当存在施工层及层间技术间歇时，施工段数为

$$m = n + \frac{\sum Z_1}{k} + \frac{\sum Z_2}{k} = 4 + \frac{1.5}{t}$$

所以，每层如划分 3 个施工段则不能保证工作队连续工作。根据该工程的结构特点，将每个温度区分成两段，每层划分为 6 个施工段。若施工段数大于计算所需要的段数。则各工作班组可以连续工作。

（2）确定流水节拍和各工作班组人数。

$$T = (mr + n - 1)t + \sum Z_1 - \sum C_1$$

只考虑绑扎柱钢筋和支模板之间可搭接施工，取搭接时间为 0.33t。

$$45 = (6 \times 2 + 4 - 1)t + 0 - \frac{t}{3}$$

故流水节拍取 3 d。

1）确定绑扎柱钢筋工作班组人数。流水节拍等于 3 d；绑扎柱钢筋工人数为 13/3=4.33（人）。由劳动定额可知，绑扎柱钢筋工人小组至少需要 5 人，所以取 5 人。

2）确定支模板的工作班组人数。所需工人数为 55.44/3=18.48（人）。本方案木工班组采用 18 人。木工人数满足规定的人数条件。

3）确定绑扎梁、板钢筋的工作班组人数。流水节拍采用 3 d，所需工人数为 28.1/3=9.4（人）。本方案钢筋工作班组数采用 9 人。

4）确定浇筑混凝土的工作班组人数。每段混凝土工程量为 627.7/6=104.6（m³），每台混凝土搅拌机的生产率为 36 m³/d，所需要台班数 104.6/36=2.9（台班）。因此选用一台混凝土搅拌机。所需工人数为 104.6×0.97/3=34（人）。

4. 绘制施工进度表

绘制施工进度表，如图 4-11 所示。

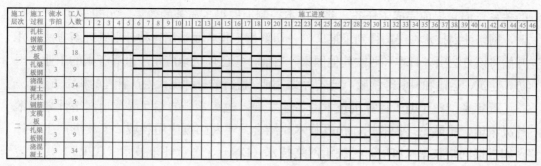

图 4-11　施工进度表

单元二

网络计划技术

【引　言】

　　网络计划技术是 20 世纪 50 年代后期发展起来的一种科学的计划管理和系统分析方法。本单元介绍了网络计划技术的基本概念和国内常用的双代号网络计划、单代号搭接网络计划等技术。在此基础上，本单元引入建设项目进度管理的主要内容，即建设项目进度计划和进度控制的方法。运用本单元进度管理的理论、技术和方法，将有利于大、中型建设项目进度目标的规划和控制。

一、网络计划的基本概念

1. 网络计划技术的起源与发展

　　网络计划技术是一种科学的计划管理方法。它是随着现代科学技术和工业生产的发展而产生的。20 世纪 50 年代，为了适应科学研究和新的生产组织管理的需要，国外陆续出现了一些计划管理的新方法。

　　1956 年，美国杜邦化学公司的工程技术人员和数学家共同开发了关键线路法（Critical Path Method，CPM）。它首次运用于化工厂的建造和设备维修，大大缩短了工作时间，节约了费用。1958 年，美国海军军械局针对舰载洲际导弹项目研究，开发了计划评审技术（Program Evaluation and Review Technique，PERT）。该项目运用网络方法，将研制导弹过程中各种合同进行综合权衡，有效地协调了成百上千个承包商的关系，而且提前完成了任务，并在成本控制上取得了显著的效果。20世纪60年代初期，网络计划技术在美国得到了推广，一切新建工程全面采用这种计划管理新方法，并开始将该方法引入日本和西欧其他国家。目前，它已广泛地应用于世界各国的工业、国防、建筑、运输和科研等领域，已成为发达国家盛行的一种现代生产管理的科学方法。

近年来，由于电子计算机技术的飞速发展，边缘学科的相互渗透，网络计划技术与决策论、排队论、控制论、仿真技术相结合，不断拓宽应用领域，又相继产生了许多如搭接网络技术（PDN）、决策网络技术（DN）、图示评审技术（GERT）、风险评审技术（VERT）等一大批现代计划管理方法，广泛应用于工业、农业、建筑业、国防和科学研究领域。随着计算机的应用和普及，人们还开发了许多网络计划技术的计算和优化软件。

我国对网络计划技术的研究与应用起步较早，1965年，著名数学家华罗庚教授首先在我国的生产管理中推广和应用这些新的计划管理方法，并根据网络计划统筹兼顾、全面规划的特点，将其称为统筹法。改革开放以后，网络计划技术在我国的工程建设领域也得到迅速的推广和应用，尤其是在大、中型工程项目的建设中，对其资源的合理安排、进度计划的编制、优化和控制等应用效果显著。目前，网络计划技术已成为我国工程建设领域中推行现代化管理的必不可少的方法。

2．网络计划的分类

网络计划按照不同的原则，可以分为不同类型。

（1）按性质的不同，可分为非肯定型网络计划和肯定型网络计划。

（2）按绘制符号的不同，可分为双代号网络计划和单代号网络计划。

（3）按有无时间坐标，可分为时标网络计划和非时标网络计划。

（4）按网络图最终目标的多少，可分为单目标网络计划和多目标网络计划。

（5）按网络图的应用对象不同，可分为局部网络计划、单位工程网络计划与综合网络计划。

（6）按工作搭接特点，可分为流水网络计划、搭接网络计划和普通网络计划。

3．网络计划技术的特点

网络计划技术作为现代管理的方法与传统的计划管理方法相比较，具有明显优势，主要表现如下：

（1）利用网络图模型，明确表达各项工作之间的逻辑关系。按照网络计划方法，在制定工程计划时，首先必须先理清楚该项目内的全部工作和它们之间的相互关系，然后才能绘制网络图模型。

（2）通过网络图时间参数计算，确定关键工作和关键线路。

（3）掌握机动时间，进行资源的合理分配。

（4）运用计算机辅助手段，方便网络计划的调整与控制。

4．网络图和工作

网络图是由箭线和节点组成的，用来表示工作流程的有向、有序网状图形。一个网络图表示一项计划任务。网络图中的工作是计划任务按需要粗细程度划分而成的、消耗时间或同时也消耗资源的一个子项目或子任务。工作可以是单位工程；也可以是分部工程、分项工程；一个施工过程也可以作为一项工作。一般情况下，完成一项工作既需要消耗时间，也需要消耗劳动力、原材料、施工机具等资源。但也有一些工作只消耗时间而不消耗资源，如混凝土浇筑后的养护过程和墙面抹灰后的干燥过程等。

网络图分为双代号网络图和单代号网络图两种。双代号网络图又称箭线式网络图，是以箭线及其两端节点的编号表示工作；同时，节点表示工作的开始或结束及工作之间的连接状态。单代号网络图又称节点式网络图，是以节点及其编号表示工作，箭线表示工作之间的逻辑关系。双代号网络图和新单代号网络图中工作的表示方法如图 4-12 和图 4-13 所示。

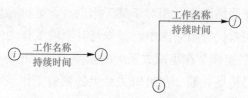

图 4-12　双代号网络图中工作的表示方法

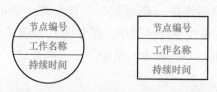

图 4-13　单代号网络图中工作的表示方法

网络图中的节点都必须有编号，其编号严禁重复，并应使每一条箭线上箭尾节点编号小于箭头节点编号。

在双代号网络图中，一项工作必须有唯一的一条箭线和相应的一对不重复出现的箭尾、箭头节点编号。因此，一项工作的名称可以用其箭尾和箭头节点编号来表示。而在单代号网络图中，一项工作必须有唯一的一个节点及相应的一个代号，该工作的名称可以用其节点编号来表示。

在双代号网络图中，有时存在虚箭线，虚箭线不代表实际工作，称为虚工作。虚工作既不消耗时间，也不消耗资源。虚工作主要用来表示相邻两项工作之间的逻辑关系。但有时为了避免两项同时开始、同时进行的工作具有相同的开始节点和完成节点，也需要用虚工作加以区分。

在单代号网络图中，虚拟工作只能出现在网络图的起点节点或终点节点处。

5. 工艺关系和组织关系

工艺关系和组织关系是工作之间先后顺序关系及逻辑关系的组成部分。

（1）工艺关系。生产性工作之间由工艺过程决定的、非生产性工作之间由工作程序决定的先后顺序关系称为工艺关系。如图 4-14 所示，支模 1 →扎筋 1 →混凝土 1 为工艺关系。

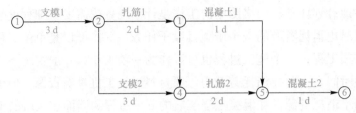

图 4-14　某混凝土工程双代号网络计划

（2）组织关系。工作之间由于组织安排需要或资源（劳动力、原材料、施工机具等）调配需要而规定的先后顺序关系称为组织关系。如图 4-14 所示，支模 1 → 支模 2，扎筋 1 → 扎筋 2 等为组织关系。

6. 紧前工作、紧后工作和平行工作

（1）紧前工作。在网络图中，相对于某工作而言，紧排在该工作之前的工作称为该工作的紧前工作。在双代号网络图中，工作与其紧前工作之间可能存在虚工作。如图 4-14 所示，支模 1 是支模 2 在组织关系上的紧前工作；扎筋 1 和扎筋 2 之间虽然存在虚工作，但扎筋 1 仍然是扎筋 2 在组织关系上的紧前工作。支模 1 则是扎筋 1 在工艺关系上的紧前工作。

（2）紧后工作。在网络图中，相对于某工作而言，紧排在该工作之后的工作称为该工作的紧后工作。在双代号网络图中，工作与其紧后工作之间也可能有虚工作存在。如图 4-14 所示，扎筋 2 是扎筋 1 在组织关系上的紧后工作；混凝土 1 是扎筋 1 在工艺关系上的紧后工作。

（3）平行工作。在网络图中，相对于某工作而言，可以与该工作同时进行的工作称为该工作的平行工作。如图 4-14 所示，扎筋 1 和支模 2 互为平行工作。

紧前工作、紧后工作及平行工作是工作之间逻辑关系的具体表现，只要能根据工作之间的工艺关系和组织关系明确其紧前或紧后关系，即可据此绘制出网络图。它是正确绘制网络图的前提条件。

7. 先行工作和后续工作

（1）先行工作。相对于某工作而言，从网络图的第一个节点（起点节点）开始，顺箭头方向经过一系列箭线与节点到达该工作为止的各条通路上的所有工作，都称为该工作的先行工作。如图 4-14 所示，支模 1、扎筋 1、混凝土 1、支模 2、扎筋 2 均为混凝土 2 的先行工作。

（2）后续工作。相对于某工作而言，从该工作之后开始，顺箭头方向经过一系列箭线与节点到网络图最后一个节点（终点节点）的各条通路上的所有工作，都称为该工作的后续工作。如图 4-14 所示，扎筋 1 的后续工作有混凝土 1、扎筋 2 和混凝土 2。

在建设工程进度控制中，后续工作是一个非常重要的概念。因为在工程网络计划的实施过程中，如果发现某项工作进度出现拖延，则受到影响的工作必然是该工作的后续工作。

8. 线路、关键线路和关键工作

（1）线路。网络图中从起点节点开始，沿箭头方向顺序通过一系列箭线与节点，最后到达终点节点的通路称为线路。线路既可依次用该线路上的节点编号来表示，也可依次用该线路上的工作名称来表示。如图 4-14 所示，该网络图中有 3 条线路，这三条线路既可表示为①—②—③—⑤—⑥、①—②—③—④—⑤—⑥和①—②—④—⑤—⑥，也可表示为支模 1→扎筋 1→混凝土 1→混凝土 2、支模 1→扎筋 1→扎筋 2→混凝土 2 和支模 1→支模 2→扎筋 2→混凝土 2。

（2）关键线路和关键工作。在关键线路法（CPM）中，线路上所有工作的持续时间总和称为该线路的总持续时间。总持续时间最长的线路称为关键线路，关键线路的长度就是网络计划的总工期。如图 4-14 所示，线路①—②—④—⑤—⑥或支模 1→支模 2→扎筋 2→混凝土 2 为关键线路。

在网络计划中，关键线路可能不止一条，而且在网络计划执行过程中，关键线路还会发生转移。

关键线路上的工作称为关键工作。在网络计划的实施过程中，关键工作的实际进度提前或拖后，均会对总工期产生影响。因此，关键工作的实际进度是建设工程进度控制工作中的重点。

二、双代号网络计划技术

（一）双代号网络图的绘制

1. 绘图规则

在绘制双代号网络图时，一般应遵循以下基本规则：

（1）网络图必须按照已定的逻辑关系绘制。由于网络图是有向、有序网状图形，所以，其必须严格按照工作之间的逻辑关系绘制，这同时也是为保证工程质量和资源优化配置及合理使用所必需的。例如，已知工作之间的逻辑关系见表 4-5，若绘制出网络图 4-15（a）则是错误的，因为工作 A 不是工作 D 的紧前工作。此时，可用虚箭线将工作 A 和工作 D 的联系断开，如图 4-15（b）所示。

表 4-5　逻辑关系表

工作	A	B	C	D
紧前工作	—	—	A、B	B

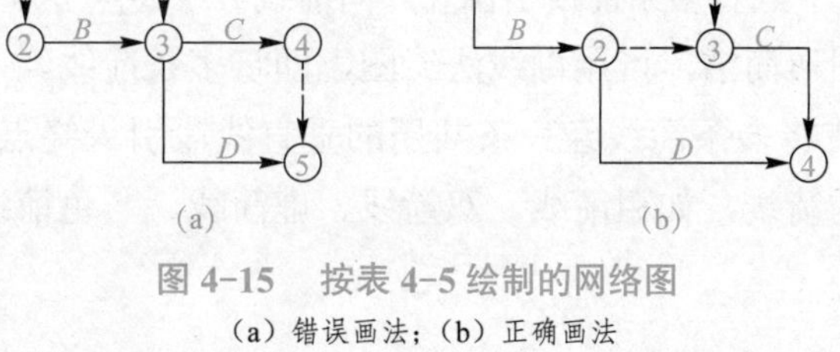

图 4-15　按表 4-5 绘制的网络图
（a）错误画法；（b）正确画法

（2）网络图中严禁出现从一个节点出发，顺箭头方向又回到原出发点的循环回路。如果出现循环回路，会造成逻辑关系混乱，使工作无法按顺序进行。如图 4-16 所示，网络图中存在不允许出现的循环回路 *BCGF*，当然，此时节点编号也发生错误。

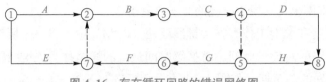

图 4-16　存在循环回路的错误网络图

（3）网络图中的箭线（包括虚箭线，以下同）应保持自左向右的方向，不应出现箭头指向左方的水平箭线和箭头偏向左方的斜向箭线。若遵循该规则绘制网络图，就不会出现循环回路。

（4）网络图中严禁出现双向箭头和无箭头的连线。图 4-17 所示即为错误的工作箭线画法，因为工作进行的方向不明确，因而不能达到网络图有方向的要求。

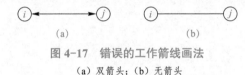

图 4-17　错误的工作箭线画法

（a）双箭头；（b）无箭头

（5）网络图中严禁出现没有箭尾节点的箭线和没有箭头节点的箭线。图 4-18 所示即为错误的画法。

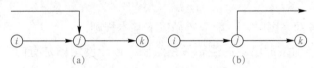

图 4-18　错误的画法

（a）存在没有箭尾节点的箭线；（b）存在没有箭头节点的箭线

（6）严禁在箭线上引入或引出箭线，图 4-19 所示即为错误的画法。

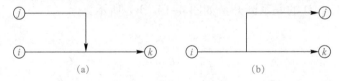

图 4-19　错误的画法

（a）在箭线上引入箭线；（b）在箭线上引出箭线

当网络图的起点节点有多条箭线引出（外向箭线）或终点节点有多条箭线引入（内向箭线）时，为使图形简洁，可用母线法绘图，即将多条箭线经一条共用的垂直线段从起点节点引出，或将多条箭线经一条共用的垂直线段引入终点节点，如图 4-20 所示。对于特殊线型的箭线，如粗箭线、双箭线、虚箭线、彩色箭线等，可在从母线上引出的支线上标出。

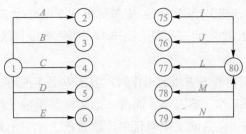

图 4-20 母线法

（7）应尽量避免网络图中工作箭线的交叉。当交叉不可避免时，可以采用过桥法或指向法处理，如图 4-21 所示。

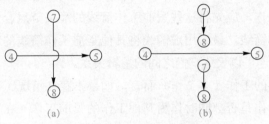

图 4-21 箭线交叉的表示方法

（a）过桥法；（b）指向法

（8）网络图中应只有一个起点节点和一个终点节点（任务中部分工作需要分期完成的网络计划除外）。除网络图的起点节点和终点节点外，不允许出现没有外向箭线的节点和没有内向箭线的节点。图 4-22 所示的网络图中有两个起点节点①和②，两个终点节点⑦和⑧。该网络图的正确画法如图 4-23 所示，即将节点①和②合并为一个起点节点，将节点⑦和⑧合并为一个终点节点。

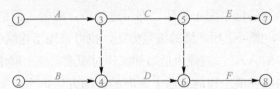

图 4-22 存在多个起点节点和多个终点节点的错误网络图

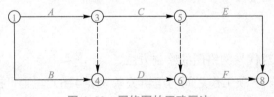

图 4-23 网络图的正确画法

2. 绘图方法

当已知每一项工作的紧前工作时，可按照以下步骤绘制双代号网络图。

（1）绘制没有紧前工作的工作箭线，使它们具有相同的开始节点，以保证网络图只有一个起点节点。

（2）依次绘制其他工作箭线。这些工作箭线的绘制条件是其所有紧前工作箭线都已经绘制出来。在绘制这些工作箭线时，应按照下列原则进行：

1）当所要绘制的工作只有一项紧前工作时，则将该工作箭线直接画在其紧前工作箭线之后即可。

2）当所要绘制的工作有多项紧前工作时，应按以下 4 种情况分别予以考虑：

①对于所要绘制的工作（本工作）而言，如果在其紧前工作之中存在一项只作为本工作紧前工作的工作（在紧前工作栏目中，该紧前工作只出现一次），则应将本工作箭线直接画在该紧前工作箭线之后，然后用虚箭线将其他紧前工作箭线的箭头节点与本工作箭线的箭尾节点分别相连，以表达它们之间的逻辑关系。

②对于所要绘制的工作（本工作）而言，如果在其紧前工作之中存在多项只作为本工作紧前工作的工作，应先将这些紧前工作箭线的箭头节点合并，再从合并后的节点开始，画出本工作箭线，最后用虚箭线将其他紧前工作箭线的箭头节点与本工作箭线的箭尾节点分别相连，以表达它们之间的逻辑关系。

③对于所要绘制的工作（本工作）而言，如果不存在情况①和情况②时，应判断本工作的所有紧前工作是否都同时作为其他工作的紧前工作（在紧前工作栏目中，这几项紧前工作是否均同时出现若干次）。如果上述条件成立，应先将这些紧前工作箭线的箭头节点合并后，再从合并后的节点开始画出本工作箭线。

④对于所要绘制的工作（本工作）而言，如果既不存在情况①和情况②，也不存在情况③时，则应将本工作箭线单独画在其紧前工作箭线之后的中部，然后用虚箭线将其各紧前工作箭线的箭头节点与本工作箭线的箭尾节点分别相连，以表达它们之间的逻辑关系。

（3）当各项工作箭线都绘制出来之后，应合并那些没有紧后工作的工作箭线的箭头节点，以保证网络图只有一个终点节点（多目标网络计划除外）。

（4）当确认所绘制的网络图正确后，即可进行节点编号。网络图的节点编号在满足前述要求的前提下，既可采用连续的编号方法，也可采用不连续的编号方法，如 1、3、5、…或 5、10、15、…，以避免以后增加工作时而改动整个网络图的节点编号。

以上所述是已知每一项工作的紧前工作时的绘图方法，当已知每一项工作的紧后工作时，也可按类似的方法进行网络图的绘制，只是其绘图顺序由前述的从左向右改为从右向左。

3. 绘图示例

现举例说明前述双代号网络图的绘制方法。

【例 4-7】 已知各项工作之间的逻辑关系（表 4-6），则可按下述步骤绘制其双代号网络图。

表 4-6　各项工作之间的逻辑关系

工作	A	B	C	D
紧前工作	—	—	A、B	B

【解】（1）绘制工作箭线A和工作箭线B，如图 4-24（a）所示。

（2）按前述原则 2）中的情况①绘制工作箭线C，如图 4-24（b）所示。

（3）按前述原则 1）绘制工作箭线D后，将工作箭线C和D的箭头节点合并，以保证网络图只有一个终点节点。当确认给定的逻辑关系表达正确后，再进行节点编号。表 4-6 给定逻辑关系所对应的双代号网络图如图 4-24（c）所示。

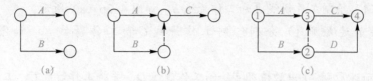

图 4-24　例 4-7 的绘图过程

（a）绘制工作箭线A、B；（b）绘制工作箭线C；（c）双代号网络图

【例 4-8】　已知各项工作之间的逻辑关系见表 4-7，则可按下述步骤绘制其双代号网络图。

表 4-7　各项工作之间的逻辑关系

工作	A	B	C	D	E	G
紧前工作	—	—	—	A、B	A、B、C	D、E

【解】（1）绘制工作箭线A、工作箭线B和工作箭线C，如图 4-25（a）所示。

（2）按前述原则 2）中的情况③绘制工作箭线D，如图 4-25（b）所示。

（3）按前述原则 2）中的情况①绘制工作箭线E，如图 4-25（c）所示。

（4）按前述原则 2）中的情况②绘制工作箭线G。先确认给定的逻辑关系表达正确后，再进行节点编号。表 4-7 给定逻辑关系所对应的双代号网络图如图 4-25（d）所示。

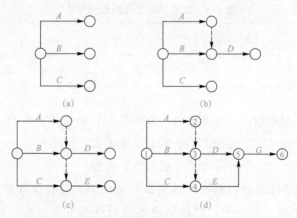

图 4-25　例 4-8 的绘图过程

（a）绘制工作箭线A、B、C；（b）绘制工作箭线D；（c）绘制工作箭线E；（d）双代号网络图

【例 4-9】　已知各工作之间的逻辑关系（表 4-8），则可按下述步骤绘制其双代号网络图。

表 4-8　各工作之间逻辑关系

工作	A	B	C	D	E
紧前工作	—	—	A	A、B	B

【解】（1）绘制工作箭线 A 和工作箭线 B，如图 4-26（a）所示。

（2）按前述原则 1）分别绘制工作箭线 C 和工作箭线 E，如图 4-26（b）所示。

（3）按前述原则 2）中的情况④绘制工作箭线 D，并将工作箭线 C、工作箭线 D 和工作箭线 E 的箭头节点合并，以保证网络图的终点节点只有一个。当确认给定的逻辑关系表达正确后，再进行节点编号。表 4-8 给定逻辑关系所对应的双代号网络图，如图 4-26（c）所示。

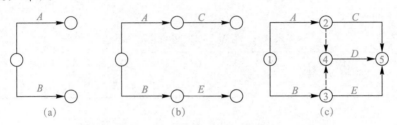

图 4-26　例 4-3 的绘图过程

（a）绘制工作箭线 A、B；（b）绘制工作箭线 C、E；（c）双代号网络图

※ 案例实训 4-6

已知各项工作之间的逻辑关系（表 4-9），则可按下述步骤绘制其双代号网络图。

表 4-9　各项工作之间的逻辑关系

工作	A	B	C	D	E	G	H
紧前工作	—	—	—	—	A、B	B、C、D	C、D

（1）绘制工作箭线 A、工作箭线 B、工作箭线 C 和工作箭线 D。

（2）按前述原则 2）中的情况①绘制工作箭线 E。

（3）按前述原则 2）中的情况②绘制工作箭线 H。

（4）按前述原则 2）中的情况④绘制工作箭线 G，并将工作箭线 E、工作箭线 G 和工作箭线 H 的箭头节点合并，以保证网络图的终点节点只有一个。当确认给定的逻辑关系表达正确后，再进行节点编号。请综合上述步骤，按表 4-9 给定的逻辑关系绘制其双代号网络图。

三、网络计划时间参数的计算

（一）网络计划时间参数的概念

所谓时间参数，是指网络计划、工作及节点所具有的各种时间值。

1. 工作持续时间

工作持续时间是指一项工作从开始到完成的时间。在双代号网络计划中，工作 i–j 的持续时间用 D_{i-j} 表示；在单代号网络计划中，工作 i 的持续时间用 D_i 表示。

2. 工期

工期泛指完成一项任务所需要的时间。在网络计划中，工期一般有以下 3 种：

（1）计算工期。计算工期是指根据网络计划时间参数计算而得到的工期，用 Tc 表示。

（2）要求工期。要求工期是指任务委托人所提出的指令性工期，用 T_r 表示。

（3）计划工期。计划工期是指根据要求工期和计算工期所确定的作为实施目标的工期，用 T_p 表示。

1）当已规定要求工期时，计划工期不应超过要求工期，即

$$T_p \leqslant T_r$$

2）当未规定要求工期时，可令计划工期等于计算工期，即

$$T_p = T_c$$

（二）工作的 6 个时间参数

除工作持续时间外，网络计划中工作的 6 个时间参数是最早开始时间、最早完成时间、最迟完成时间、最迟开始时间、总时差和自由时差。

1. 最早开始时间和最早完成时间

工作的最早开始时间是指在其所有紧前工作全部完成后，本工作有可能开始的最早时刻。工作的最早完成时间是指在其所有紧前工作全部完成后，本工作有可能完成的最早时刻。工作的最早完成时间等于本工作的最早开始时间与其持续时间之和。

在双代号网络计划中，工作 i–j 的最早开始时间和最早完成时间分别用 ES_{i-j} 和 EF_{i-j} 表示；在单号网络计划中，工作 i 的最早开始时间和最早完成时间分别用 ES_i 和 EF_i 表示。

2. 最迟完成时间和最迟开始时间

工作的最迟完成时间是指在不影响整个任务按期完成的前提下，本工作必须完成的最迟时刻。工作的最迟开始时间是指在不影响整个任务按期完成的前提下，本工作必须开始的最迟时刻。工作的最迟开始时间等于本工作的最迟完成时间与其持续时间之差。

在双代号网络计划中，工作i–j的最迟完成时间和最迟开始时间分别用LF_{i-j}和LS_{i-j}表示；在单代号网络计划中，工作i的最迟完成时间和最迟开始时间分别用LF_i和LS_i表示。

3. 总时差和自由时差

工作的总时差是指在不影响总工期的前提下，本工作可以利用的机动时间。但是在网络计划的执行过程中，如果利用某项工作的总时差，则有可能使该工作后续工作的总时差减小。在双代号网络计划中，工作i–j的总时差用TF_{i-j}表示；在单代号网络计划中，工作i的总时差用TF_i表示。

工作的自由时差是指在不影响其紧后工作最早开始时间的前提下，本工作可以利用的机动时间。在网络计划的执行过程中，工作的自由时差是该工作可以自由使用的时间。在双代号网络计划中，工作i–j的自由时差用FF_{i-j}表示；在单代号网络计划中，工作i的自由时差用FF_i表示。

从总时差和自由时差的定义可知，对于同一项工作而言，自由时差不会超过总时差。当工作的总时差为零时，其自由时差必然为零。

※ 知识链接 🔥

网络计划是指在网络图上加注时间参数而编制的进度计划。网络计划时间参数的计算应在各项工作的持续时间确定之后进行。

（三）双代号网络计划时间参数的计算

双代号网络计划的时间参数既可以按工作计算，也可以按节点计算。所谓按工作计算法，就是以网络计划中的工作为对象，直接计算各项工作的时间参数。这些时间参数包括工作的最早开始时间和最早完成时间、工作的最迟开始时间和最迟完成时间、工作的总时差和自由时差。此外，还应计算网络计划的计算工期。

为了简化计算，网络计划时间参数中的开始时间和完成时间都应以时间单位的终了时刻为标准。如第 3 d 开始即是指第 3 d 终了（下班）时刻开始，实际上是第 4 d 上班时刻才开始；第 5 d 完成即是指第 5 d 终了（下班）时刻完成。

下面以图 4–27 所示双代号网络计划为例来说明按工作计算法计算时间参数的过程。其计算结果如图 4–28 所示。

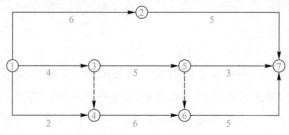

图 4–27　双代号网络计划

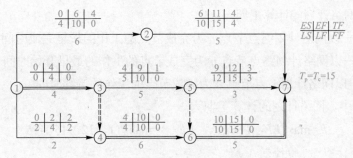

图 4-28　双代号网络计划（六时标注法）

1. 计算工作的最早开始时间和最早完成时间

工作最早开始时间和最早完成时间的计算应从网络计划的起点节点开始，顺着箭线方向依次进行。其计算步骤如下：

（1）以网络计划起点节点为开始节点的工作，当规定其最早开始时间时，其最早开始时间为零。如在本例中，工作 1—2、工作 1—3 和工作 1—4 的最早开始时间都为零，即

$$ES_{1-2}=ES_{1-3}=ES_{1-4}=0$$

（2）工作的最早完成时间可利用公式进行计算：

$$EF_{i-j}=ES_{i-j}+D_{i-j}$$

式中　EF_{i-j}——工作 $i—j$ 的最早完成时间；

　　　ES_{i-j}——工作 $i—j$ 的最早开始时间；

　　　D_{i-j}——工作 $i—j$ 的持续时间。

如在本例中，工作 1—2、工作 1—3 和工作 1—4 的最早完成时间分别为

工作 1—2：$EF_{1-2}=ES_{1-2}+D_{1-2}=0+6=6$

工作 1—3：$EF_{1-3}=ES_{1-3}+D_{1-3}=0+4=4$

工作 1—4：$EF_{1-4}=ES_{1-4}+D_{1-4}=0+2=2$

（3）其他工作的最早开始时间应等于其紧前工作最早完成时间的最大值，即

$$ES_{i-j}=\max\{EF_{h-i}\}=\max\{ES_{h-j}+D_{h-j}\}$$

式中　ES_{i-j}——工作 $i—j$ 的最早开始时间；

　　　EF_{h-j}——工作 $i—j$ 的紧前工作 $h—i$（非虚工作）的最早完成时间；

　　　ES_{h-i}——工作 $i—j$ 的紧前工作 $h—i$（非虚工作）的最早开始时间；

　　　D_{h-i}——工作 $i—j$ 的紧前工作 $h—i$（非虚工作）的持续时间。

如在本例中，工作 3—5 和工作 4—6 的最早开始时间分别为

$$ES_{3-5}=EF_{1-3}=4$$

$$ES_{4-6}=\max\{EF_{1-3}, EF_{1-4}\}=\max\{4, 2\}=4$$

（4）网络计划的计算工期应等于以网络计划终点节点为完成节点的工作的最早完成时间的最大值，即

$$T_c=\max\{EF_{i-n}\}=\max\{ES_{i-n}+D_{i-n}\}$$

式中 T_c——网络计划的计算工期；

  EF_{i-n}——以网络计划终点节点 n 为完成节点的工作的最早完成时间；

  ES_{i-n}——以网络计划终点节点 n 为完成节点的工作的最早开始时间；

  D_{i-n}——以网络计划终点节点 n 为完成节点的工作的持续时间。

如在本例中，网络计划的计算工期为

$$T_c=\max\{EF_{2-7},\ EF_{5-7},\ EF_{6-7}\}=\max\{11,\ 12,\ 15\}=15$$

2．确定网络计划的计划工期

网络计划的计划工期应按公式确定。在本例中，假设未规定要求工期，则其计划工期就等于计算工期，即

$$T_p=T_c=15$$

计划工期应标注在网络计划终点节点的右上方。

3．计算工作的最迟完成时间和最迟开始时间

工作最迟完成时间和最迟开始时间的计算应从网络计划的终点节点开始，逆着箭线方向依次进行。其计算步骤如下：

（1）以网络计划终点节点为完成节点的工作，其最迟完成时间等于网络计划的计划工期，即

$$LF_{i-n}=T_p$$

式中 LF_{i-n}——以网络计划终点节点 n 为完成节点的工作的最迟完成时间；

  T_p——网络计划的计划工期。

如在本例中，工作 2—7、工作 5—7 和工作 6—7 的最迟完成时间为

$$LF_{2-7}=LF_{5-7}=LF_{6-7}=T_p=15$$

（2）工作的最迟开始时间如下：

$$LS_{i-j}=LF_{i-j}-D_{i-j}$$

式中 LS_{i-j}——工作 $i—j$ 的最迟开始时间；

  LF_{i-j}——工作 $i—j$ 的最迟完成时间；

  D_{i-j}——工作 $i—j$ 的持续时间。

如在本例中，工作 2—7、工作 5—7 和工作 6—7 的最迟开始时间分别为

$$LS_{2-7}=LF_{2-7}-D_{2-7}=15-5=10$$

$$LS_{5-7}=LF_{5-7}-D_{5-7}=15-3=12$$

$$LS_{6-7}=LF_{6-7}-D_{6-7}=15-5=10$$

（3）其他工作的最迟完成时间应等于其紧后工作最迟开始时间的最小值，即

$$LF_{i-j}=\min\{LS_{j-k}\}=\min\{LF_{j-k}-D_{j-k}\}$$

式中 LF_{i-j}——工作 $i—j$ 的最迟完成时间；

  LS_{j-k}——工作 $i—j$ 的紧后工作 $j—k$（非虚工作）的最迟开始时间；

  LF_{j-k}——工作 $i—j$ 的紧后工作 $j—k$（非虚工作）的最迟完成时间；

  D_{j-k}——工作 $i—j$ 的紧后工作 $j—k$（非虚工作）的持续时间。

如在本例中，工作 3—5 和工作 4—6 的最迟完成时间分别为

$$LF_{3-5}=\min\{LS_{5-7},\ LS_{6-7}\}=\min\{12,\ 10\}=10$$

$$LF_{4-6}=LS_{6-7}=10$$

4. 计算工作的总时差

工作的总时差等于该工作最迟完成时间与最早完成时间之差，或该工作最迟开始时间与最早开始时间之差，即

$$TF_{i-j}=LF_{i-j}-EF_{i-j}=LS_{i-j}-ES_{i-j}$$

式中 TF_{i-j}——工作 i—j 的总时差。

其余符号意义同前。

如在本例中，工作 3—5 的总时差为

$$TF_{3-5}=LF_{3-5}-EF_{3-5}=10-9=1$$

或

$$TF_{3-5}=LS_{3-5}-ES_{3-5}=5-4=1$$

5. 计算工作的自由时差

工作自由时差的计算应按以下两种情况分别考虑：

（1）对于有紧后工作的工作，其自由时差等于本工作紧后工作最早开始时间减本工作最早完成时间所得之差的最小值，即

$$FF_{i-j}=\min\{ES_{j-k}-EF_{i-j}\}$$
$$=\min\{ES_{j-k}-ES_{i-j}-D_{i-j}\}$$

式中 FF_{i-j}——工作 i—j 的自由时差；

ES_{j-k}——工作 i—j 的紧后工作 j—k（非虚工作）的最早开始时间；

EF_{i-j}——工作 i—j 的最早完成时间；

ES_{i-j}——工作 i—j 的最早开始时间；

D_{i-j}——工作 i—j 的持续时间。

如在本例中，工作 1—4 和工作 3—5 的自由时差分别为

$$FF_{1-4}=ES_{4-6}-EF_{1-4}=4-2=2$$

$$FF_{3-5}=\min\{ES_{5-7}-EF_{3-5},\ ES_{6-7}-EF_{3-5}\}$$
$$=\min\{9-9,\ 10-9\}$$
$$=0$$

（2）对于无紧后工作的工作，也就是以网络计划终点节点为完成节点的工作，其自由时差等于计划工期与本工作最早完成时间之差，即

$$FF_{i-n}=T_p-EF_{i-n}=T_p-ES_{i-n}-D_{i-n}$$

式中 FF_{i-n}——以网络计划终点节点 n 为完成节点的工作 i—n 的自由时差；

T_p——以网络计划的计划工期；

EF_{i-n}——以网络计划终点节点 n 为完成节点的工作 i—n 的最早完成时间；

ES_{i-n}——以网络计划终点节点 n 为完成节点的工作 i—n 的最早开始时间；

D_{i-n}——以网络计划终点节点 n 为完成节点的工作 i—n 的持续时间。

如在本例中，工作 2—7、工作 5—7 和工作 6—7 的自由时差分别为

$$FF_{2-7}=T_p-EF_{2-7}=15-11=4$$
$$FF_{5-7}=T_p-EF_{5-7}=15-12=3$$
$$FF_{6-7}=T_p-EF_{6-7}=15-15=0$$

需要指出的是，对于网络计划中以终点节点为完成节点的工作，其自由时差与总时差相等。此外，由于工作的自由时差是其总时差的构成部分，所以，当工作的总时差为零时，其自由时差必然为零，可不必进行专门计算。如在本例中，工作 1—3、工作 4—6 和工作 6—7 的总时差全部为零，故其自由时差也全部为零。

6. 确定关键工作和关键线路

在网络计划中，总时差最小的工作为关键工作。特别地，当网络计划的计划工期等于计算工期时，总时差为零的工作就是关键工作。如在本例中，工作 1—3、工作 4—6 和工作 6—7 的总时差均为零，故它们都是关键工作。

找出关键工作之后，将这些关键工作首尾相连，便至少构成一条从起点节点到终点节点的通路，通路上各项工作的持续时间总和最大的就是关键线路。在关键线路上可能有虚工作存在。

关键线路一般采用粗箭线或双线箭线标出，也可以采用彩色箭线标出。如在本例中，线路①—③—④—⑥—⑦即为关键线路。关键线路上各项工作的持续时间总和应等于网络计划的计算工期，这一特点也是判别关键线路是否正确的准则。

在上述计算过程中是将每项工作的 6 个时间参数均标注在图中，故称为六时标注法，如图 4-29 所示，为使网络计划的图面更加简洁，在双代号网络计划中，除各项工作的持续时间外，通常只需标注两个最基本的时间参数——各项工作的最早开始时间和最迟开始时间即可，而工作的其他 4 个时间参数（最早完成时间、最迟完成时间、总时差和自由时差）均可根据工作的最早开始时间、最迟开始时间及持续时间导出。这种方法称为二时标注法，如图 4-29 所示。

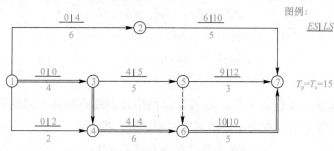

图 4-29　双代号网络计划（二时标注法）

四、双代号时标网络计划

双代号时标网络计划（简称时标网络计划）必须以水平时间坐标为尺度表示工作

时间。时标的时间单位应根据需要在编制网络计划之前确定，可以是小时、天、周、月或季度等。

在时标网络计划中，以实箭线表示工作，实箭线的水平投影长度表示该工作的持续时间；以虚箭线表示虚工作，由于虚工作的持续时间为零，故虚箭线只能垂直画；以波形线表示工作与其紧后工作之间的时间间隔（以终点节点为完成节点的工作除外，当计划工期等于计算工期时，这些工作箭线中波形线的水平投影长度表示其自由时差）。

时标网络计划既具有网络计划的优点，又具有横道计划直观易懂的优点，它将网络计划的时间参数直观地表达出来。

（一）时标网络计划的编制方法

时标网络计划宜按各项工作的最早开始时间编制。为此，在编制时标网络计划时应使每一个节点和每一项工作（包括虚工作）尽量向左靠，直至不出现从右向左的逆向箭线为止。

在编制时标网络计划前，应先按照已经确定的时间单位绘制时标网络计划表。时间坐标可以标注在时标网络计划表的顶部或底部。当网络计划的规模比较大，且比较复杂时，可以在时标网络计划表的顶部和底部同时标注时间坐标。必要时，还可以在顶部时间坐标之上或底部时间坐标之下同时加注日历时间。时标网络计划表见表 4-10。表中部的刻度线宜为细线。为使图面清晰简洁，此线也可不画或少画。

表 4-10　时标网络计划表

日期																
（时间单位）	1	2	3	4	5	6	7	8	9	10	11	12	13	14	15	16
网络计划																
（时间单位）	1	2	3	4	5	6	7	8	9	10	11	12	13	14	15	16

编制时标网络计划前，应先绘制无时标的网络计划草图，然后按间接绘制法或直接绘制制法进行。

1. 间接绘制法

间接绘制法是指先根据无时标的网络计划草图计算其时间参数并确定关键线路，然后在时标网络计划表中进行绘制。在绘制时应先将所有节点按其最早时间定位在时标网络计划表中的相应位置，然后用规定线型（实箭线和虚箭线）按比例绘制出工作和虚工作。当某些工作箭线的长度不足以到达该工作的完成节点时，应用波形线补足，箭头应画在与该工作完成节点的连接处。

2. 直接绘制法

直接绘制法是指不计算时间参数而直接按无时标的网络计划草图绘制时标网络计划。现以图 4-30 所示的网络计划为例来说明时标网络计划的绘制过程。

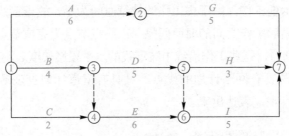

图 4-30　双代号网络计划

（1）将网络计划的起点节点定位在时标网络计划表的起始刻度线上。如图 4-31 所示，节点①就是定位在时标网络计划表的起始刻度线"0"位置上。按工作的持续时间绘制以网络计划起点节点为开始节点的工作箭线。如图 4-31 所示，分别绘制出工作箭线 A、B 和 C。

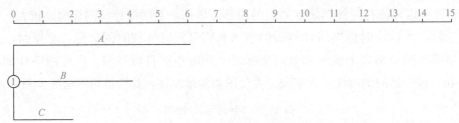

图 4-31　直接绘制法第一步

（2）除网络计划的起点节点外，其他节点必须在所有以该节点为完成节点的工作箭线均绘出后，定位在这些工作箭线中最迟的箭线末端。当某些工作箭线的长度不足以到达该节点时，须用波形线补足，箭头画在与该节点的连接处。如在本例中，节点②直接定位在工作箭线 A 的末端；节点③直接定位在工作箭线 B 的末端；节点④的位置需要在绘出虚箭线 3—4 之后，定位在工作箭线 C 和虚箭线 3—4 中最迟的箭线末端，即坐标"4"的位置上。此时，工作箭线 C 的长度不足以到达节点④，因此用波形线补足，如图 4-32 所示。

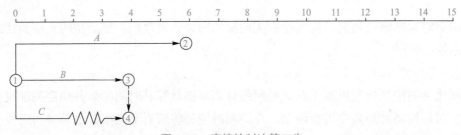

图 4-32　直接绘制法第二步

（3）当某个节点的位置确定之后，即可绘制以该节点为开始节点的工作箭线。如在本例中，在图 4-32 基础之上，可以分别以节点②、节点③和节点④为开始节点绘制

工作箭线 G、工作箭线 D 和工作箭线 E，如图 4-33 所示。

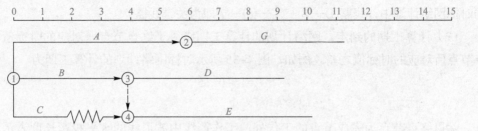

图 4-33　直接绘制法第三步

（4）利用上述方法从左至右依次确定其他各个节点的位置，直至绘制出网络计划的终点节点。如在本例中，在图 4-33 基础之上，可以分别确定节点⑤和节点⑥的位置，并在它们之后分别绘制工作箭线 H 和工作箭线 I，如图 4-34 所示。

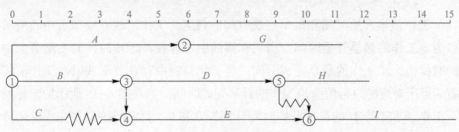

图 4-34　直接绘制法第四步

（5）根据工作箭线 G、工作箭线 H 和工作箭线 I 确定出终点节点的位置。本例所对应的时标网络计划如图 4-35 所示，其中的双箭线表示的线路为关键线路。

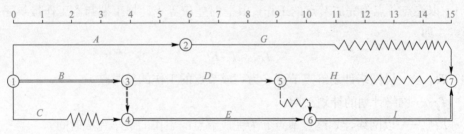

图 4-35　双代号时标网络计划

在绘制时标网络计划时，特别需要注意的问题是处理好虚箭线。首先，应将虚箭线与实箭线等同看待，只是其对应工作的持续时间为零；其次，尽管虚工作本身没有持续时间，但可能存在波形线，因此，要按规定画出波形线。在画波形线时，其垂直部分仍应画为虚线（如图 4-35 中的虚箭线 5—6）。

（二）时标网络计划中时间参数的判定

1. 关键线路和计算工期的判定

（1）关键线路的判定。时标网络计划中的关键线路可从网络计划的终点节点开始，逆着箭线方向进行判定。凡自始至终不出现波形线的线路即关键线路。因为不出现波形线，就说明在这条线路上相邻两项工作之间的时间间隔全部为零，也就是在计算工期等于计划工期的前提下，这些工作的总时差和自由时差全部为零。如在图4-35所示的时标网络计划中，线路①—③—④—⑥—⑦即为关键线路。

（2）计算工期的判定。网络计划的计算工期应等于终点节点所对应的时标值与起点节点所对应的时标值之差。例如，图4-35所示时标网络计划的计算工期为

$$T_c=15-0=15$$

2. 相邻两项工作之间时间间隔的判定

除以终点节点为完成节点的工作外，工作箭线中波形线的水平投影长度表示工作与其紧后工作之间的时间间隔。如在图4-35所示的时标网络计划中，工作 C 和工作 E 之间的时间间隔为2；工作 D 和工作 I 之间的时间间隔为1；其他工作之间的时间间隔均为零。

3. 工作中6个时间参数的判定

（1）工作最早开始时间和最早完成时间的判定。工作箭线左端节点中心所对应的时标值为该工作的最早开始时间。当工作箭线中不存在波形线时，其右端节点中心所对应的时标值为该工作的最早完成时间；当工作箭线中存在波形线时，工作箭线实线部分右端点所对应的时标值为该工作的最早完成时间。如在图4-35所示的时标网络计划中，工作 A 和工作 H 的最早开始时间分别为0和9，而它们的最早完成时间分别为6和12。

（2）工作总时差的判定。工作总时差的判定应从网络计划的终点节点开始，逆着箭线方向依次进行。

1）以终点节点为完成节点的工作，其总时差应等于计划工期与本工作最早完成时间之差，即

$$TF_{i-n}=T_p-EF_{i-n}$$

式中　TF_{i-n}——以网络计划终点节点 n 为完成节点的工作的总时差；

T_p——网络计划的计划工期；

EF_{i-n}——以网络计划终点节点 n 为完成节点的工作的最早完成时间。

如在图4-35所示的时标网络计划中，假设计划工期为15，则工作 G、工作 H 和工作 I 的总时差分别为

$$TF_{2-7}=T_p-EF_{2-7}=15-11=4$$
$$TF_{5-7}=T_p-EF_{5-7}=15-12=3$$
$$TF_{6-7}=T_p-EF_{6-7}=15-15=0$$

2）其他工作的总时差等于其紧后工作的总时差加本工作与该紧后工作之间的时间间隔所得之和的最小值，即

$$TF_{i-j}=\min\{TF_{j-k}+LAG_{i-j,\ j-k}\}$$

式中　TF_{i-j}——工作 i—j 的总时差；

TF_{j-k}——工作 i—j 的紧后工作 j—k（非虚工作）的总时差；

$LAG_{i-j,\ j-k}$——工作 i—j 与其紧后工作 j—k（非虚工作）之间的时间间隔。

如在图 4-35 所示的时标网络计划中，工作 A、工作 C 和工作 D 的总时差分别为

$$TF_{1-2}=TF_{2-7}+LAG_{1-2,\ 2-7}=4+0=4$$

$$TF_{1-4}=TF_{4-6}+LAG_{1-4,\ 4-6}=0+2=2$$

$$TF_{3-5}=\min\{TF_{5-7}+LAG_{3-5,\ 5-7},\ TF_{6-7}+LAG_{3-5,\ 6-7}\}$$

$$=\min\{3+0,\ 0+1\}$$

$$=1$$

4. 工作自由时差的判定

（1）以终点节点为完成节点的工作，其自由时差应等于计划工期与本工作最早完成时间之差，即

$$FF_{i-n}=T_{p}-EF_{i-n}$$

式中　FF_{i-n}——以网络计划终点节点 n 为完成节点的工作的总时差；

　　　T_{p}——网络计划的计划工期；

　　　EF_{i-n}——以网络计划终点节点 n 为完成节点的工作的最早完成时间。

如在图 4-35 所示的时标网络计划中，工作 G、工作 H 和工作 I 的自由时差分别为

$$FF_{2-7}=T_{p}-EF_{2-7}=15-11=4$$

$$FF_{5-7}=T_{p}-EF_{5-7}=15-12=3$$

$$FF_{6-7}=T_{p}-EF_{6-7}=15-15=0$$

事实上，以终点节点为完成节点的工作，其自由时差与总时差必然相等。

（2）其他工作的自由时差就是该工作箭线中波形线的水平投影长度。但当工作之后只紧接虚工作时，则该工作箭线上一定不存在波形线，而其紧接的虚箭线中波形线水平投影长度的最短者为该工作的自由时差。

如在图 4-35 所示的时标网络计划中，工作 A、工作 B、工作 D 和工作 E 的自由时差均为零，而工作 C 的自由时差为 2。

5. 工作最迟开始时间和最迟完成时间的判定

（1）工作的最迟开始时间等于本工作的最早开始时间与其总时差之和，即

$$LS_{i-j}=ES_{i-j}+TF_{i-j}$$

式中　LS_{i-j}——工作 i—j 的最迟开始时间；

　　　ES_{i-j}——工作 i—j 的最早开始时间；

　　　TF_{i-j}——工作 i—j 的总时差。

如在图 4-35 所示的时标网络计划中，工作 A、工作 C、工作 D、工作 G 和工作 H 的最迟开始时间分别为

$$LS_{1-2}=ES_{1-2}+TF_{1-2}=0+4=4$$

$$LS_{1-4}=ES_{1-4}+TF_{1-4}=0+2=2$$

$$LS_{3-5}=ES_{3-5}+TF_{3-5}=4+1=5$$

$$LS_{2-7}=ES_{2-7}+TF_{2-7}=6+4=10$$

$$LS_{5-7}=ES_{5-7}+TF_{5-7}=9+3=12$$

（2）工作的最迟完成时间等于本工作的最早完成时间与其总时差之和，即

$$LF_{i-j}=EF_{i-j}+TF_{i-j}$$

式中　LF_{i-j}——工作 i—j 的最迟完成时间；

　　　EF_{i-j}——工作 i—j 的最早完成时间；

　　　TF_{i-j}——工作 i—j 的总时差。

如在图 4-35 所示的时标网络计划中，工作 A、工作 C、工作 D、工作 G 和工作 H 的最迟完成时间分别为

$$LF_{1-2}=EF_{1-2}+TF_{1-2}=6+4=10$$
$$LF_{1-4}=EF_{1-4}+TF_{1-4}=2+2=4$$
$$LF_{3-5}=EF_{3-5}+TF_{3-5}=9+1=10$$
$$LF_{2-7}=EF_{2-7}+TF_{2-7}=11+4=15$$
$$LF_{5-7}=EF_{5-7}+TF_{5-7}=12+3=15$$

图 4-35 所示时标网络计划中时间参数的判定结果应与图 4-29 所示网络计划时间参数的计算结果完全一致。

（三）单代号网络计划技术

单代号网络图是以节点及其编号表示工作，以箭线表示工作之间逻辑关系的网络图，并在节点中加注工作代号、名称和持续时间，以形成单代号网络计划。

1. 单代号网络图的特点

单代号网络图与双代号网络图相比，具有以下特点：

（1）工作之间的逻辑关系容易表达，且不用虚箭线，故绘图较简单。

（2）网络图便于检查和修改。

（3）由于工作持续时间表示在节点之中，没有长度，故不够形象直观。

（4）表示工作之间逻辑关系的箭线可能产生较多的纵横交叉现象。

2. 单代号网络图的基本符号

（1）节点。单代号网络图中的每一个节点表示一项工作，节点宜用圆圈或矩形表示。节点所表示的工作名称、持续时间和工作代号等应标注在节点内。

单代号网络图中的节点必须编号。编号标注在节点内，其号码可间断，但严禁重复。箭线的箭尾节点编号应小于箭头节点的编号。一项工作必须有唯一的一个节点及相应的一个编号。

（2）箭线。单代号网络图中的箭线表示紧邻工作之间的逻辑关系，既不占用时间，也不消耗资源。箭线应画成水平直线、折线或斜线。箭线水平投影的方向应自左向右，表示工作的行进方向。工作之间的逻辑关系包括工艺关系和组织关系，在网络图中均表现为工作之间的先后顺序。

（3）线路。在单代号网络图中，各条线路应用该线路上的节点编号从小到大依次表述。

3．单代号网络图的绘图规则

（1）单代号网络图必须正确表达已定的逻辑关系。

（2）单代号网络图中，严禁出现循环回路。

（3）单代号网络图中，严禁出现双向箭头或无箭头的连线。

（4）单代号网络图中，严禁出现没有箭尾节点的箭线和没有箭头节点的箭线。

（5）绘制网络图时，箭线不宜交叉，当交叉不可避免时，可采用过桥法或指向法绘制。

（6）单代号网络图中只应有一个起点节点和一个终点节点。当网络图中有多个起点节点或多个终点节点时，应在网络图的两端分别设置一项虚工作，作为该网络图的起点节点（St）和终点节点（Fin）。

单代号网络图的绘图规则大部分与双代号网络图的绘图规则相同，故不再进行解释。

4．单代号网络计划时间参数的计算

单代号网络计划时间参数的计算应在确定各项工作的持续时间之后进行。时间参数的计算顺序和计算方法基本上与双代号网络计划时间参数的计算相同。单代号网络计划时间参数的计算步骤与双代号网络计划相同。

五、网络计划的优化

网络计划的优化是指在一定约束条件下，按既定目标对网络计划进行不断改进，以寻求满意方案的过程。

网络计划的优化目标应按计划任务的需要和条件选定，包括工期目标、费用目标和资源目标。根据优化目标的不同，网络计划的优化可分为工期优化、费用优化和资源优化。

（一）工期优化

工期优化是指网络计划的计算工期不满足要求工期时，可以通过压缩关键工作的持续时间来满足要求工期目标的过程。

1．工期优化方法

网络计划工期优化的基本方法是在不改变网络计划中各项工作的之间逻辑关系的前提下，通过压缩关键工作的持续时间来达到优化目标。在工期优化过程中，按照经济合理的原则，不能将关键工作压缩成非关键工作。此外，当工期优化过程中出现多条关键线路时，必须将各条关键线路的总持续时间压缩相同数值；否则，不能有效地缩短工期。

2．网络计划工期优化的步骤

（1）确定初始网络计划的计算工期和关键线路。

（2）按要求工期计算应缩短的时间 ΔT：

$$\Delta T = T_c - T_r$$

式中　　T_c——网络计划的计算工期；

　　　　T_r——要求工期。

（3）选择应缩短持续时间的关键工作。选择压缩对象时宜在关键工作中考虑下列因素。

1）缩短持续时间对质量和安全影响较小的工作。

2）有充足备用资源的工作。

3）缩短持续时间所需增加的费用最少的工作。

（4）将所选定的关键工作的持续时间压缩至最短，并重新确定计算工期和关键线路。若被压缩的工作变成非关键工作，则应延长其持续时间，使之仍为关键工作。

（5）当计算工期仍超过要求工期时，则重复上述（2）～（4），直至计算工期满足要求工期或计算工期已不能再缩短。

（6）当所有关键工作的持续时间都已达到其能缩短的极限而寻求不到继续缩短工期的方案，但网络计划的计算工期仍不能满足要求工期时，应对网络计划原有的技术方案、组织方案进行调整，或对要求工期重新审定。

（二）费用优化

费用优化又称工期成本优化，是指寻求工程总成本最低时的工期安排，或按要求工期寻求最低成本的计划安排的过程。

1. 费用和时间的关系

在建设工程施工过程中，完成一项工作通常可以采用多种施工方法和组织方法，而不同的施工方法和组织方法，又会有不同的持续时间和费用。由于一项建设工程往往包含许多工作，所以在安排建设工程进度计划时，就会出现许多方案。进度方案不同，所对应的总工期和总费用也就不同。为了能从多种方案中找出总成本最低的方案，必须首先分析费用和时间之间的关系。

（1）工程费用与工期的关系。工程总费用由直接费和间接费组成。直接费由人工费、材料费、机械使用费、其他直接费及现场经费等组成。施工方案不同，直接费也就不同；如果施工方案一定，工期不同，直接费也不同。直接费会随着工期的缩短而增加。间接费包括企业经营管理的全部费用，它一般会随着工期的缩短而减少。在考虑工程总费用时，还应考虑工期变化带来的其他损益，包括效益增量和资金的时间价值等。工程费用与工期的关系如图4-36所示。

（2）工作直接费与持续时间的关系。由于网络计划的工期取决于关键工作的持续时间，为了进行工期成本优化，必须分析网络计划中各项工作的直接费与持续时间之间的关系，它是网络计划工期成本优化的基础。

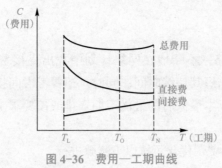

图 4-36 费用—工期曲线

T_L—最短工期；T_O—最优工期；T_N—正常

工作的直接费与持续时间之间的关系类似工程直接费与工期之间的关系，工作的直接费随着持续时间的缩短而增加，如图 4-37 所示。为简化计算，工作的直接费与持续时间之间的关系被近似地认为是一条直线关系，当工作划分得很细致时，计算结果较精确。

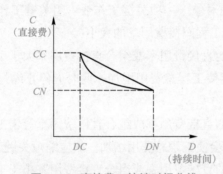

图 4-37 直接费—持续时间曲线

DN—工作的正常持续时间；CN—按正常持续时间完成工作时所需的直接费；
DC—工作的最短持续时间；CC—按最短持续时间完成工作时所需的直接费

工作的持续时间每缩短单位时间而增加的直接费称为直接费用率。直接费用率可按下式计算：

$$\Delta C_{i-j} = \frac{CC_{i-j} - CN_{i-j}}{DN_{i-j} - DC_{i-j}}$$

式中　ΔC_{i-j}——工作 i—j 的直接费用率；

　　　CC_{i-j}——按最短持续时间完成工作 i—j 时所需的直接费；

　　　CN_{i-j}——按正常持续时间完成工作 i—j 时所需的直接费；

　　　DN_{i-j}——工作 i—j 的正常持续时间；

　　　DC_{i-j}——工作 i—j 的最短持续时间。

从以上公式可以看出，工作的直接费用率越大，说明将该工作的持续时间缩短一个时间单位，所需增加的直接费就越多；反之，将该工作的持续时间缩短一个时间单位，所需增加的直接费就越少。因此，在压缩关键工作的持续时间以达到缩短工期的目的时，应将直接费用率最小的关键工作作为压缩对象。当有多条关键线路出现而需要同时压缩多个关键工作的持续时间时，应以它们的直接费用率之和（组合直接费用率）最小者作为压缩对象。

2. 费用优化方法

费用优化的基本思路：不断地在网络计划中找出直接费用率（或组合直接费用率）最小的关键工作，缩短其持续时间；同时，还要考虑间接费随工期缩短而减少的数值，最后求得工程总成本最低时的最优工期安排或按要求工期求得最低成本的计划安排。

按照上述基本思路，费用优化可按以下步骤进行。

（1）按工作的正常持续时间确定计算工期和关键线路。

（2）计算各项工作的直接费用率。直接费用率的计算按公式进行。

（3）当只有一条关键线路时，应找出直接费用率最小的一项关键工作，作为缩短持续时间的对象；当有多条关键线路时，应找出组合直接费用率最小的一组关键工作，作为缩短持续时间的对象。

（4）对于选定的压缩对象（一项关键工作或一组关键工作），首先比较其直接费用率或组合直接费用率与工程间接费用率的大小：

1）如果被压缩对象的直接费用率或组合直接费用率大于工程间接费用率，说明压缩关键工作的持续时间会使工程总费用增加，此时应停止缩短关键工作的持续时间，在此之前的方案即为优化方案。

2）如果被压缩对象的直接费用率或组合直接费用率等于工程间接费用率，说明压缩关键工作的持续时间不会使工程总费用增加，故应缩短关键工作的持续时间。

3）如果被压缩对象的直接费用率或组合直接费用率小于工程间接费用率，说明压缩关键工作的持续时间会使工程总费用减少，故应缩短关键工作的持续时间。

（5）当需要缩短关键工作的持续时间时，其缩短值的确定必须符合下列原则：

1）缩短后工作的持续时间不能小于其最短持续时间。

2）缩短持续时间的工作不能变成非关键工作。

（6）计算关键工作持续时间缩短后相应增加的总费用。

（7）重复上述（3）～（6），直至计算工期满足要求工期或被压缩对象的直接费用率或组合直接费用率大于工程间接费用率。

（8）计算优化后的工程总费用。

（9）在多级网络计划系统中，不同层级的网络计划，应该由不同层级的进度控制人员编制。总体网络计划由决策层人员编制，局部网络计划由管理层人员编制，而细部网络计划则由作业层管理人员编制。局部网络计划需要在总体网络计划的基础上编制，而细部网络计划需要在局部网络计划的基础上编制。反之，又以细部保局部，以局部保全局。

（10）多级网络计划系统可以随时进行分解与综合，既可以将其分解成若干个独立的网络计划，又可在需要时将这些相互有关联的独立网络计划综合成一个多级网络计划系统。

（三）多级网络计划系统的编制原则和方法

1．编制原则

根据多级网络计划系统的特点，编制时应遵循以下原则。

（1）整体优化原则。编制多级网络计划系统，必须从建设工程整体角度出发，进行全面分析，统筹安排。有些计划安排从局部看是合理的，但在整体上并不一定合理。因此，必须先编制总体进度计划后再编制局部进度计划，以局部计划来保证总体优化目标的实现。

（2）连续均衡原则。编制多级网络计划系统，要保证实施建设工程所需资源的连续性和资源需用量的均衡性。事实上，这也是一种优化。资源能够连续均衡地使用，可以降低工程建设成本。

（3）简明适用原则。过分庞大的网络计划不利于识图，也不便于使用。应根据建设工程实际情况，按不同的管理层级和管理范围分别编制简明适用的网络计划。

2．编制方法

多级网络计划系统的编制必须采用自顶向下、分级编制的方法。

（1）"自顶向下"是指编制多级网络计划系统时，应首先编制总体网络计划，然后在此基础上编制局部网络计划，最后在局部网络计划的基础上编制细部网络计划。

（2）分级的多少应视工程规模、复杂程度及组织管理的需要而定，可以是二级、三级，也可以是四级、五级。必要时还可以再分级。

（3）分级编制网络计划应与科学编码相结合，以便于利用计算机进行绘图、计算和管理。

3．图示模型

多级网络计划系统的图示模型如图4-38所示。该系统含有二级网络计划。这些网络计划既相互独立，又存在关联。既可以分解成一个个独立的网络计划，又可以综合成一个多级网络计划系统。

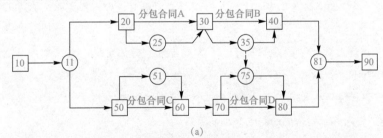

（a）

图4-38　多级网络计划系统的图示模型

（a）总体网络计划

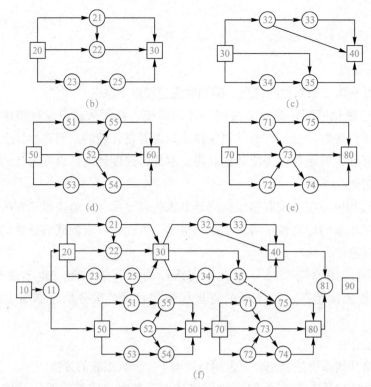

图 4-38　多级网络计划系统的图示模型（续）

（b）子网络计划 A；（c）子网络计划 B；（d）子网络计划 C；（e）子网络计划 D；（f）综合网络计划

【知识点思考 4-1】

1. 何谓网络图？何谓工作？工作和虚工作有何不同？

2. 何谓工艺关系和组织关系？试举例说明。

3. 简述网络图的绘制规则。

4. 何谓工作的总时差和自由时差？关键线路和关键工作的确定方法有哪些？

5. 双代号时标网络计划的特点有哪些？

6. 工期优化和费用优化的区别是什么？

7. 在费用优化过程中，如果拟缩短持续时间的关键工作（或关键工作组合）的直接费用率（或组合直接费用率）大于工程间接费用率时，即可判定此时已达优化点，为什么？

8. 何谓资源优化？在"资源有限，工期最短"的优化中，当工期增量 ΔT 为负值时，说明什么？

9. 何谓搭接网络计划？试举例说明工作之间的各种搭接关系。

10. 多级网络计划系统的特点和编制原则是什么？

1. 已知工作之间的逻辑关系，试分别绘制双代号网络图和单代号网络图。

（1）工作之间的逻辑关系（一）见表 4-11。

表 4-11　工作之间的逻辑关系（一）

工作	A	B	C	D	E	G	H
紧前工作	C、D	E、H	—	—	—	C、H	—

（2）工作之间的逻辑关系（二）见表 4-12。

表 4-12　工作之间的逻辑关系（二）

工作	A	B	C	D	E	G
紧前工作	—	—	—	—	B、C、D	A、B、C

（3）工作之间的逻辑关系（三）见表 4-13。

表 4-13　工作之间的逻辑关系（三）

工作	A	B	C	D	E	G	H	I	J
紧前工作	E	H、A	J、G	H、I、A	—	H、A	—	—	E

2. 某网络计划的有关资料见表 4-14，试绘制双代号网络计划，并在图中标出各项工作的 6 个时间参数。最后用双箭线标明关键线路。

表 4-14　某网络计划的有关资料

工作	A	B	C	D	E	F	G	H	I	J	K
持续时间	22	10	13	8	15	17	15	6	11	12	20
紧前工作	—	—	B、E	A、C、H	—	B、E	E	F、G	F、G	A、C、I、H	F、G

3. 某网络计划的有关资料见表 4-15，试绘制双代号网络计划，在图中标出各个节点的最早时间和最迟时间，并据此判定各项工作的 6 个主要时间参数。最后用双箭线标明关键线路。

表 4-15　某网络计划的有关资料

工作	A	B	C	D	E	G	H	I	J	K
持续时间	2	3	4	5	6	3	4	7	2	3
紧前工作	—	A	A	A	B	C、D	D	B	E、H、G	G

4. 某网络计划的有关资料见表 4-16，试绘制单代号网络计划，并在图中标出各项工作的 6 个时间参数及相邻两项工作之间的时间间隔。最后用双箭线标明关键线路。

表 4-16　某网络计划的有关资料

工作	A	B	C	D	E	G
持续时间	12	10	5	7	6	4
紧前工作	—	—	—	B	B	C、D

5. 某网络计划的有关资料见表 4-17，试绘制双代号时标网络计划，并判定各项工作的 6 个时间参数和关键线路。

表 4-17　某网络计划的有关资料

工作	A	B	C	D	E	G	H	I	J	K
持续时间	2	3	5	2	3	3	2	3	6	2
紧前工作	—	A	A	B	B	D	G	E、G	C、E、G	H、I

（四）前锋线比较法

前锋线比较法是通过绘制某检查时刻工程项目实际进度前锋线，进行工程实际进度与计划进度比较的方法。它主要适用时标网络计划。所谓前锋线，是指在原时标网络计划上，从检查时刻的时标点出发，用点画线依次将各项工作实际进展位置点连接而成的折线。前锋线比较法就是通过实际进度前锋线与原进度计划中各工作箭线交点的位置来判断工作实际进度与计划进度的偏差，进而判定该偏差对后续工作及总工期影响程度的一种方法。

采用前锋线比较法进行实际进度与计划进度的比较，具体步骤如下。

1. 绘制时标网络计划图

工程项目实际进度前锋线是在时标网络计划图上标示，为清楚起见，可在时标网络计划图的上方和下方各设一时间坐标。

2. 绘制实际进度前锋线

一般从时标网络计划图上方时间坐标的检查日期开始绘制，依次连接相邻工作的实际进展位置点，最后与时标网络计划图下方坐标的检查日期相连接。

工作实际进展位置点的标定方法有以下两种。

（1）按该工作已完任务量比例进行标定。假设工程项目中各项工作均为匀速进展，根据实际进度检查时刻该工作已完任务量占其计划完成总任务量的比例，在工作箭线上从左至右按相同的比例标定其实际进展位置点。

（2）按尚需作业时间进行标定。当某些工作的持续时间难以按实物工程量来计算而只能凭经验估算时，可以先估算出检查时刻到该工作全部完成尚需作业的时间，然后在该工作箭线上从右向左逆向标定其实际进展位置点。

3. 进行实际进度与计划进度的比较

前锋线可以直观地反映出检查日期有关工作实际进度与计划进度之间的关系。对某项工作来说，其实际进度与计划进度之间的关系可能存在以下三种情况。

（1）工作实际进展位置点落在检查日期的左侧，表明该工作实际进度拖后，拖后的时间为两者之差。

（2）工作实际进展位置点与检查日期重合，表明该工作实际进度与计划进度一致。

（3）工作实际进展位置点落在检查日期的右侧，表明该工作实际进度超前：超前的时间为两者之差。

4. 预测进度偏差对后续工作及总工期的影响

通过实际进度与计划进度的比较确定进度偏差后，还可根据工作的自由时差和总时差预测该进度偏差对后续工作及项目总工期的影响。由此可见，前锋线比较法既可用工作实际进度与计划进度之间的局部比较，又可用来分析和预测工程项目整体进度状况。

值得注意的是，以上比较是针对匀速进展的工作。对于非匀速进展的工作，由于比较方法较复杂，此处不再赘述。

※ **案例实训 4-8**

某工程项目时标网络计划如图4-39所示。该计划执行到第6周末检查实际进度时，发现工作A和B已经全部完成，工作D、E分别完成计划任务量的20%和50%，工作C尚需3周完成，试用前锋线法进行实际进度与计划进度的比较。

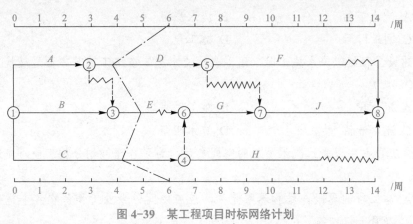

图4-39 某工程项目时标网络计划

【解】根据第6周末实际进度的检查结果绘制前锋线，如图4-39中点画线所示。通过比较可以看出：

（1）工作D实际进度拖后2周，将使其后续工作F的最早开始时间推迟2周，并使总工期延长1周。

（2）工作E实际进度拖后1周，既不影响总工期，也不影响其后续工作的正常进行。

（3）工作 C 实际进度拖后 2 周，将使其后续工作 G、H、J 的最早开始时间推迟 2 周。由于工作 G、J 开始时间的推迟，从而使总工期延长 2 周。

综上所述，如果不采取措施加快进度，该工程项目的总工期将延长 2 周。

※ 模块小结

本模块具体阐述了流水施工、网络计划技术的概念、分类和表达方式，重点阐述了流水施工参数及确定、组织流水施工的基本方式，并结合实例阐述了流水施工组织方式及网络计划技术在实践中的应用步骤和方法。通过本模块的学习，学生应掌握流水施工的组织要点和条件、组织流水施工的基本理论和流水施工组织的方法及网络计划的绘制与计算。

※ 实训练习

一、选择题

1. 建设工程组织流水施工时，某专业工作队在单位时间内所完成的工程量称为（　　）。

    A. 流水节拍　　　　　　　　B. 流水步距

    C. 流水强度　　　　　　　　D. 流水节奏

2. 建设工程组织流水施工时，用以表达流水施工在空间布置上开展状态的参数有（　　）。

    A. 流水节拍　　　　　　　　B. 流水步距

    C. 间歇时间　　　　　　　　D. 施工段

3. 建设工程组织流水施工时，用以表达流水施工在施工工艺方面进展状态的参数之一是（　　）。

    A. 流水段　　　　　　　　　B. 施工过程

    C. 流水节拍　　　　　　　　D. 流水步距

4. 施工段是用以表达流水施工的空间参数。为了合理地划分施工段，应遵循的原则包括（　　）。

    A. 施工段的界限与结构界限无关，但应使同一专业工作队在各个施工段的劳动量大致相等

    B. 每个施工段内要有足够的工作面，以保证相应数量的工人、主导施工机械的生产效率，满足合理劳动组织的要求

    C. 施工段的界限应设在对建筑结构整体性影响小的部位，以保证建筑结构的整体性

    D. 每个施工段要有足够的工作面，以满足同一个施工段内组织多个专业工作队同时施工的要求

E. 施工段的数目要满足合理组织流水施工的要求,并在每个施工段内有足够的工作面

5. 某工程双代号时标网络计划如图4-40所示,其中,工作B的总时差和自由时差( )。

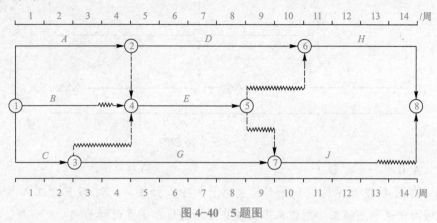

图4-40 5题图

A. 均为1周　　　　　　　　　B. 分别为3周和1周
C. 均为3周　　　　　　　　　D. 分别为4周和3周

6. 在图4-41所示的双代号时标网络计划中,如果C、E、H三项工作因共用一台施工机械而必须顺序施工,则该施工机械在现场的最小闲置时间为( )周。

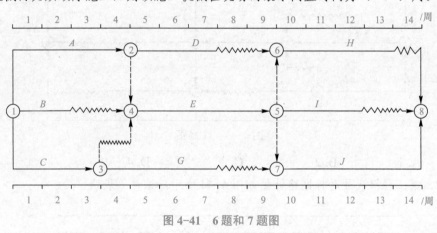

图4-41 6题和7题图

A. 4　　　　　　B. 3　　　　　　C. 2　　　　　　D. 1

7. 某工程双代号时标网络计划如图4-41所示,其中工作D的总时差和自由时差( )。

A. 均为2周　　　　　　　　　B. 分别为2周和1周
C. 均为3周　　　　　　　　　D. 分别为3周和2周

8. 在图4-41所示的双代号时标网络计划中,如果B、D、I三项工作因共用一台施工机械而必须依次施工,则该施工机械在现场的最小闲置时间( )周。

A. 1　　　　　　B. 2　　　　　　C. 3　　　　　　D. 4

9. 某工程双代号时标网络计划如图 4-42 所示，其中工作 B 的总时差为（   ）周。

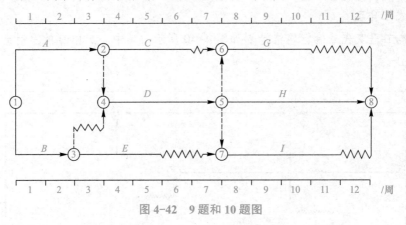

图 4-42　9 题和 10 题图

    A. 0　　　　　B. 1　　　　　C. 2　　　　　D. 3

10. 在图 4-42 所示的双代号时标网络计划中，如果 A、E、G 三项工作共用一台施工机械而必须顺序施工，则该施工机械在现场的最小闲置时间为（   ）周。

    A. 1　　　　　B. 2　　　　　C. 3　　　　　D. 4

11. 某工程双代号时标网络计划如图 4-43 所示，其中工作 C 的总时差为（   ）周。

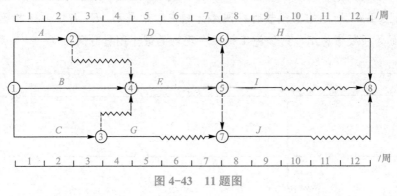

图 4-43　11 题图

    A. 1　　　　　B. 2　　　　　C. 3　　　　　D. 4

12. 某工程双代号时标网络计划如图 4-44 所示，该计划表明（   ）。

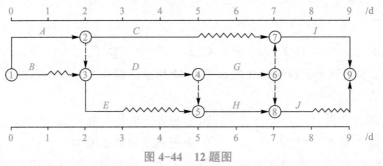

图 4-44　12 题图

    A. 工作 C 的自由时差为 2 d

    B. 工作 E 的最早开始时间为第 4 d

C. 工作 D 为关键工作

D. 工作 H 的总时差为零

E. 工作 B 的最迟完成时间为第 1 d

13. 某工程双代号时标网络计划如图 4-45 所示，其中工作 A 的总时差为（　　）d。

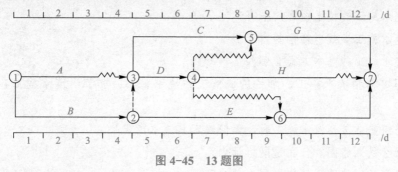

图 4-45　13 题图

A. 1　　　　　　B. 2　　　　　　C. 3　　　　　　D. 4

14. 某工程双代号时标网络计划如图 4-46 所示，因工作 B、D、G 和 J 共用一台施工机械而必须顺序施工，在合理安排下，该施工机械在现场闲置（　　）d。

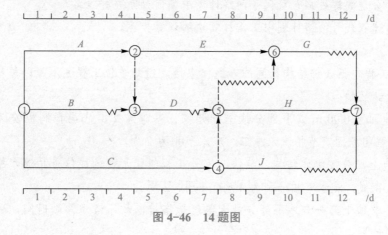

图 4-46　14 题图

A. 0　　　　　　B. 1　　　　　　C. 2　　　　　　D. 3

15. 某工程双代号时标网络如图 4-47 所示，该计划表明（　　）。

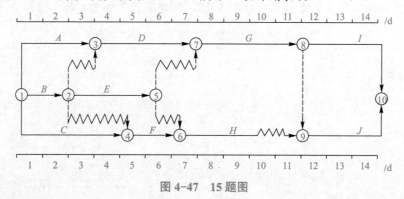

图 4-47　15 题图

A. G 工作为关键工作　　　　　　　　　　B. E 工作的总时差为 3 d

C. *B* 工作的总时差为 1 d   D. *F* 工作为关键工作

E. *C* 工作的总时差为 2 d

二、简答题

1. 工程项目组织施工的方式有哪些？它们各有何特点？

2. 流水施工的技术经济效果有哪些？

3. 流水施工参数包括哪些内容？

4. 流水施工的基本方式有哪些？

5. 固定节拍流水施工、加快的成倍节拍流水施工、非节奏流水施工各具有哪些特点？

6. 当组织非节奏流水施工时，如何确定其流水步距？

7. 什么是网络图？什么是网络计划？

8. 双代号网络图的绘制规则有哪些？

9. 一般网络计划要计算哪些时间参数？简述各参数的符号。

10. 什么是总时差？什么是自由时差？两者有何关系？

11. 什么是关键线路？双代号网络计划中如何判断关键线路？

12. 简述双代号网络计划中工作计算法的计算步骤。

三、案例分析题

1. 某工程包括 3 栋结构相同的砖混住宅楼，组织单位工程流水，以每栋住宅楼为一个施工段。已知：

（1）地面 ±0.00 m 以下部分按土方开挖、基础施工、底层预制板安装、回填土 4 个施工过程组织固定节拍流水施工，流水节拍为 2 周。

（2）地上部分按主体结构、装修、室外工程组织加快的成倍节拍流水施工，各由专业工作队完成，流水节拍分别为 4 周、4 周、2 周。

如果要求地上部分与地下部分最大限度地搭接，均不考虑间歇时间，试绘制该工程施工进度计划。

2. 某工程由 A、B、C、D 4 个施工过程组成，它在平面上划分为 4 个施工段，各施工过程在各施工段上的流水节拍见表 4-18，试编制该工程流水施工方案。

表 4-18　各施工过程在各施工段上的流水节拍

施工过程	流水节拍 /d			
	1	2	3	4
A	3	2	3	3
B	3	3	4	4
C	4	3	3	5
D	3	4	1	4

3. 某园林工程拟建 3 个结构形式与规模完全相同的卫生间，施工过程主要包括挖基槽、浇筑混凝土基础、墙板与屋面板吊装和防水。根据施工工艺要求，浇筑混凝土基础 1 周后才能进行墙板与屋面板吊装。各个施工过程的流水节拍见表 4-19，试分别绘制组织 4 个专业工作队和增加相应专业工作队的流水施工进度计划。

表 4-19　各施工过程的流水节拍

施工过程	流水节拍 / 周	施工过程	流水节拍 / 周
挖基槽	2	吊装	6
浇基础	4	防水	2

4. 某项目由 A、B、C 3 个施工过程组成，划分两个施工层，已知每层每段的流水节拍分别为 t_A=3 d，t_B=6 d，t_C=6 d。施工过程 B 完成后，相应施工段上至少有技术间歇 2 d，且层间间歇为 3 d，试组织成倍节拍流水施工方案。

5. 某工程项目由 A、B、C 三个施工过程组成，它在平面上划分三个施工段，各个施工过程的流水节拍分别为 t_A=1 d，t_B=2 d，t_C=1 d，施工过程 A 完成后，其相应的施工段上至少有 1 d 的技术间歇，试组织异节拍流水施工。

6. 某工程各项工作之间的逻辑关系见表 4-20，试绘制双代号网络图。

表 4-20　某工程各项工作之间的逻辑关系

本工作	A	B	C	D	E	G	H
紧后工作	E	E、G	G、H	G、H	—	—	—

7. 利用工作时间计算法计算图 4-48 各工作的时间参数、计算工期和找出关键线路。

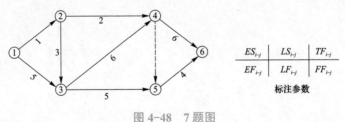

图 4-48　7 题图

8. 某基础工程双代号网络计划如图 4-49 所示，请把它改绘成时标网络图。

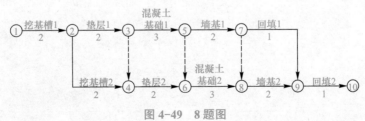

图 4-49　8 题图

班级		姓名		日期	
教学项目			流水施工原理		
学习项目		学习流水施工组织方式		学习资源	课本、课外资料
学习目标			查阅资料并结合本模块内容，掌握流水施工组织的三种形式及组织步骤		
其他内容					

学习记录

评语

指导教师：

班级		姓名		日期	
教学项目		网络计划技术			
学习要求		1. 掌握双代号网络计划的绘制、计算方法。 2. 掌握单代号网络计划的绘制、计算方法			
相关知识		网络计划绘制及时间参数计算			

其他内容

学习记录

评语

指导教师：

模块五　园林工程施工管理

模块导入

　　园林工程施工管理是以园林工程施工项目为对象，以项目经理负责制为基础，以实现项目目标为目的，以构成园林工程施工项目要素为条件，以与此相适应的一整套施工组织制度和管理制度为保障，对园林工程施工项目全过程系统地进行控制和管理的方法体系。本模块主要介绍园林工程施工项目的全程管理，包括施工项目管理的基本知识，施工项目的进度控制，施工项目质量控制与管理，施工项目成本控制，施工项目资金管理，施工合同管理，施工项目安全控制与管理，施工项目劳动管理，施工项目材料管理，施工机械设备管理的理念、内容及管理的具体实施方法。

知识目标

1. 理解园林工程施工管理的基础知识。
2. 掌握园林工程项目施工合同的基本知识。
3. 了解园林工程施工项目成本控制的相关内容。
4. 掌握园林工程施工项目进度管理与质量管理的基本知识。

单元一

园林工程施工合同管理

【引　言】

　　园林工程施工合同是发包人与承包人就完成具体工程项目的建筑安装、设备安装、设备调试、工程保修等工作内容，确定双方权利和义务的协议。施工合同既是工程建设的主要合同，又是工程建设质量控制、投资控制的主要依据。在市场经济条件下，建设市场主体之间相互的权利和义务主要是通过合同确立的。因此，在工程建设领域加强对施工合同的管理具有十分重要的意义。

　　园林工程施工合同是指发包人与承包人之间为完成商定的园林工程施工项目，确定双方权利和义务的协议。依据工程施工合同，承包方完成一定的种植、建筑和安装工程任务，发包人应提供必要的施工条件并支付工程价款。在园林工程施工合同中，发包人和承包人双方应该是平等的民事主体。承发包双方在签订施工合同时，必须具备相应的经济技术资质和履行园林工程施工合同的能力。在对合同范围内的工程实施建设时，发包人必须具备组织能力；承包人必须具备有关部门核定经济技术的资质等级证书和营业执照等证明文件。

一、园林工程施工合同管理概述

1. 园林工程施工合同示范文本

施工合同的内容复杂、涉及面宽，如果当事人缺乏经验，所订合同容易发生难以处理的纠纷。为了避免当事人遗漏和纠纷的产生，我国于1991年开始批准发布了全国第一个《建设工程施工合同（示范文本）》。为了指导建设工程施工合同当事人的签约行为，维护合同当事人的合法权益，依据《中华人民共和国合同法》《中华人民共和国建筑法》《中华人民共和国招标投标法》及相关法律法规，住房城乡建设部、国家工商行政管理总局（今国家市场监督管理总局）对《建设工程施工合同（示范文本）》（GF—2013—0201）进行了修订，制定了《建设工程施工合同（示范文本）》（GF—2017—0201），原《建设工程施工合同（示范文本）》（GF—2013—0201）同时废止。目前，我国的《建设工程施工合同》借鉴了国际上广泛使用的FIDIC土木工程施工合同条款，由国家建设部、国家工商行政管理局联合发布，主要由《协议书》《通用条款》《专用条款》三部分组成，并附有三个附件：《承包人承揽工程项目一览表》《发包人供应材料设备一览表》《工程质量保修书》。

示范文本对合同当事人的权利义务进行罗列，条款内容不仅涉及各种情况下双方的合同责任和规范化的履行管理程序，而且还涵盖了非正常情况的处理原则，如变更、索赔、不可抗力、合同的被迫终止、争议的解决等方面。

示范文本的组成。示范文本由合同协议书、通用合同条款和专用合同条款三部分组成。

（1）合同协议书。示范文本合同协议书共计13条，主要包括工程概况，合同工期，质量标准，签约合同价和合同价格形式，项目经理，合同文件构成，承诺以及合同生效条件等重要内容，集中约定了合同当事人基本的合同权利义务。

（2）通用合同条款。通用合同条款是合同当事人根据《中华人民共和国建筑法》《中华人民共和国民法典》等法律法规的规定，就工程建设的实施及相关事项，对合同当事人的权利义务作出的原则性约定。

通用合同条款共计20条，具体条款分别为：一般约定，发包人，承包人，监理人，工程质量，安全文明施工与环境保护，工期和进度，材料与设备，试验与检验，变更，价格调整，合同价格，计量与支付，验收和工程试车，竣工结算，缺陷责任与保修，违约，不可抗力，保险，索赔和争议解决。前述条款安排既考虑了现行法律法规对工程建设的有关要求，也考虑了建设工程施工管理的特殊需要。

（3）专用合同条款。专用合同条款是对通用合同条款原则性约定的细化、完善、补充、修改或另行约定的条款。合同当事人可以根据不同建设工程的特点及具体情况，通过双方的谈判、协商对相应的专用合同条款进行修改补充。在使用专用合同条款时，应注意以下事项。

1）专用合同条款的编号应与相应的通用合同条款的编号一致。

2）合同当事人可以通过对专用合同条款的修改，满足具体建设工程的特殊要求，避免直接修改通用合同条款。

3）在专用合同条款中有横道线的地方，合同当事人可针对相应的通用合同条款进行细化、完善、补充、修改或另行约定；如无细化、完善、补充、修改或另行约定，则填写"无"或画"/"。

※ 知识链接

规范工程项目合同管理，不但需要规范合同本身的法律、法规的完善，也需要相关法律体系的完善。目前，我国这方面的立法体系已基本完善。与工程项目合同有直接关系的是《中华人民共和国民法典》《中华人民共和国招标投标法》《中华人民共和国建筑法》。

2．施工合同文件的组成及解释顺序

施工合同文件的组成如下。

（1）施工合同协议书。

（2）中标通知书。

（3）投标书及其附件。

（4）施工合同专用条款。

（5）施工合同通用条款。

（6）标准、规范及有关技术文件。

（7）图纸。

（8）工程量清单。

（9）工程报价单或预算书。

双方有关工程的治商、变更等书面协议或文件视为合同协议书的组成部分。

3．施工合同文件的解释顺序

上述合同文件应能够互相解释、互相说明。当合同文件中出现不一致情况时，上面的顺序就是合同的优先解释顺序。当合同文件出现含糊不清或者当事人有不同理解时，按照合同争议的解决方式处理。

施工合同组成

1. 合同标题

写明合同的名称，如××公园仿古建筑施工合同、××小区绿化工程施工承包合同。

2. 合同序文

合同序文包括承发包方名称、合同编号和签订本合同的主要法律依据。

3. 合同正文

合同正文是合同的重点部分，由以下内容组成。

（1）工程概况：包括工程名称、工程地点、建设目的、立项批文、工程项目一览表。

（2）工程范围：即承包人进行施工的工作范围，它实际上用于界定施工合同的标的，是施工合同的必备条款。

（3）建设工期：指承包人完成施工任务的期限，明确开工、竣工日期。

（4）工程质量：指工程的等级要求，是施工合同的核心内容。工程质量一般通过设计图纸、施工说明书及施工技术标准加以确定，是施工合同的必备条款。

（5）工程造价：是当事人根据工程质量要求与工程的概预算确定的工程费用。

（6）各种技术资料交付时间：指设计文件、概预算和相关技术资料的交付时间。

（7）材料、设备的供应方式。

（8）工程款支付方式与结算方法。

（9）双方相互协作事项与合理化建议。

（10）注明质量保修（养）范围、质量保修（养）期。

（11）工程竣工验收：竣工验收条款常包括验收的范围和内容、验收的标准和依据、验收人员的组成、验收方式和日期等。

（12）违约责任、合同纠纷与仲裁条款。

4. 合同结尾

注明合同份数，存留与生效方式；签订日期、地点、法人代表；合同公证单位；合同未尽事项或补充条款；合同应有的附件。

二、施工准备阶段的合同管理

1. 图纸的准备

我国目前的园林绿化工程项目通常由发包人委托设计单位负责，在工程准备阶段应完成施工图设计文件的审查。发包人应免费按专用合同条款约定的份数供应承包人图纸。施工图纸的提供只要符合专用合同条款的约定，不影响承包人按时开工即可。具体来说，施工图纸应在合同约定的日期前发放给承包人，可以一次提供，也可以在各单位工程开始施工前分阶段提供，以保证承包人及时编制施工进度计划和组织施工。

> 【特别提示】在有些情况下，如果承包人具有设计资质和能力，享有专利权的施工技术，在承包工作范围内，可以由其完成部分施工图的设计，或由其委托设计分包人完成。但应在合同约定的时间内将按规定的审查程序批准的设计文件提交审核，经过签认后再使用。注意，不能解除承包人的设计责任。

2. 施工进度计划

园林工程的施工组织，一般招标阶段由承包人在投标书内提交的施工方案或施工组织设计的深度相对较浅，签订合同后应对工程的施工做更深入的了解，可通过对现场的进一步考察和工程交底，完善施工组织设计和施工进度计划。有些大型工程采取分阶段施工，承包人可按合同的要求、发包人提供的图纸及有关资料的时间，按不同标段编制进度计划。施工组织设计和施工进度计划应提交发包人或委托的监理工程师确认，对已认可的施工组织设计和工程进度计划本身的缺陷，不免除承包人应承担的责任。

3. 其他各项准备工作

开工前，合同双方还应当做好其他各项准备工作。如发包人应当按照专用合同条款的规定使施工现场具备施工条件、开通施工现场公共道路，承包人应当做好施工人员和设备的调配工作。

延期开工与
工程分包

三、施工过程中的合同管理

1. 对材料和设备的质量控制

在园林工程施工过程中，为了确保工程项目的施工质量，满足施工合同的要求，首先应从使用的材料和设备的质量控制入手。

（1）材料设备的到货检验。园林工程项目使用的建筑材料、植物材料和设备按照专用合同条款约定的采购供应责任，一般由承包人负责，也可以由发包人提供全部或部分材料和设备。

1）承包人采购的材料设备。

①承包人负责采购的材料设备，应按照专用合同条款约定及设计要求和有关标准采购，并提供产品合格证明，对材料设备质量负责。

②承包人在材料设备到货前 24 h 应通知发包方共同进行到货清点。

③承包人采购的材料设备与设计或标准要求不符时，承包人应在发包方要求的时间内运出施工现场，重新采购符合要求的产品，承担由此发生的费用，延误的工

期不予顺延。

2）发包人供应的材料设备。发包人应按照专用合同条款的材料设备供应一览表，按时、按质、按量将采购的材料和设备运抵施工现场，发包人在其所供应的材料设备到货前 24 h，应以书面形式通知承包人，由承包人派人与发包人共同清点。发包人供应的材料设备与约定不符时，应当由发包人承担有关责任。视具体情况不同，按照以下原则处理：

①材料设备单价与合同约定不符时，由发包人承担所有差价。

②材料设备种类、规格、型号、数量、质量等级与合同约定不符时，承包人可以拒绝接收保管，由发包人运出施工场地并重新采购。

③发包人供应材料的规格、型号与合同约定不符时，承包人可以代为调剂串换，发包方承担相应的费用。

④到货地点与合同约定不符时，发包人负责运至合同约定的地点。

⑤供应数量少于合同约定的数量时，发包人将数量补齐；多于合同约定的数量时，发包人负责将多出部分运出施工场地。

⑥到货时间早于合同约定时间，发包人承担因此发生的保管费用；到货时间迟于合同约定的供应时间，由发包人承担相应的追加合同价款。发生延误，相应顺延工期，发包人赔偿由此给承包人造成的损失。

（2）材料和设备的使用前检验。为了防止材料和设备在现场储存时间过长或保管不善而导致质量的降低，应在用于永久工程施工前进行必要的检查、试验。关于材料设备方面的合同责任如下。

1）发包人供应材料设备。按照合同对质量责任的约定，发包人供应的材料设备进入施工现场后需要在使用前检验或试验的，由承包人负责检查试验，费用由发包人负责。此次检查试验通过后，仍不能解除发包人供应材料设备存在的质量缺陷责任。也就是说承包人在对材料设备检验通过之后，如果又发现有质量问题时，发包人仍应承担重新采购及拆除重建的追加合同价款，并相应顺延由此延误的工期。

2）承包人负责采购的材料和设备。按合同的有关约定：由承包人采购的材料设备，发包人不得指定生产厂或供应商；采购的材料设备在使用前，承包人应按发包方的要求进行检验或试验，不合格的不得使用，检验或试验费用由承包人承担；发包方发现承包人采购并使用不符合设计或标准要求的材料设备时，应要求由承包人负责修复、拆除或重新采购，并承担发生的费用，由此延误的工期不予顺延；承包人需要使用代用材料时，应经发包方认可后才能使用，由此增减的合同价款双方以书面形式议定。

2．对施工质量的管理

工程施工的质量应达到合同约定的标准，这是园林工程施工质量管理的最基本要求。在施工过程中加强检查，对不符合质量标准的应及时返工。承包人应认真按照标准、规范和设计要求以及发包方依据合同发出的指令施工，随时接受发包方及其委派人员的检查、检验，并为检查、检验提供便利。有关施工质量的合同管理责任分述如下：

（1）承包人承担的责任。因承包人的原因达不到约定标准，由承包人承担返工费用，工期不予顺延。

1）工程质量达不到约定标准的部分，发包方一经发现，可要求承包人拆除和重新施工，承包人应按发包方及其委派人员的要求拆除和重新施工，承担由自身原因导致拆除和重新施工的费用，工期不予顺延。

2）经过发包方检查检验合格后又发现因承包人原因出现的质量问题，仍由承包人承担责任，赔偿发包人的直接损失，工期不应顺延。

3）检查检验不合格时，影响正常施工的费用由承包人承担，工期不予顺延。

（2）发包人承担的责任。因发包人的原因达不到约定标准，由发包人承担返工的追加合同价款，工期相应顺延。

1）发包人对部分或者全部工程质量有特殊要求的，应支付由此增加的追加合同价款，对工期有影响的应给予相应顺延。

2）影响正常施工的追加合同价款由发包人承担，相应顺延工期。因发包人指令失误和其他非承包人原因发生的追加合同价款，由发包人承担。

3）双方均有责任。双方均有责任的，由双方根据其责任分别承担。因双方原因达不到约定标准，责任由双方分别承担。如果双方对工程质量有争议，由专用合同条款约定的工程质量监督部门鉴定，所需费用及因此造成的损失，由责任方承担。

3. 对设计变更的管理

工程施工中经常发生设计变更，施工合同示范文本中对设计变更在通用合同条款中有较详细的规定。

（1）发包人要求的设计变更。施工中发包人需对原工程设计进行变更时，应提前14 d以书面形式向承包人发出变更通知。变更超过原设计标准或批准的建设规模时，发包人应报规划管理部门和其他有关部门重新审查批准，并由原设计单位提供变更的相应图纸和说明。因设计变更导致合同价款的增减及造成的承包人损失由发包人承担，延误的工期相应顺延。

（2）承包人要求的设计变更。施工中承包人不得为了施工方便而要求对原工程设计进行变更。承包人在施工中提出的合理建议被发包人采纳，则须有书面手续。同意采用承包人的合理化建议，所发生费用和获得收益的分担或分享，由发包人和承包人另行约定。未经同意承包人擅自更改或换用，承包人应承担由此发生的费用，并赔偿发包人的有关损失，延误的工期不予顺延。

（3）确定设计变更后合同价款。确定变更价款时，应维持承包人投标报价单内的竞争性水平。确定设计变更后合同价款应符合以下原则。

1）合同中已有适用变更工程的价格，按合同已有的价格变更合同价款。

2）合同中只有类似变更工程的价格，可以参照类似价格变更合同价款。

3）合同中没有适用或类似变更工程的价格，由承包人提出适当的变更价格，经发包人确认后执行。

4. 施工进度管理

施工阶段的合同管理，就是确保施工工作按进度计划执行，施工任务在规定的合同工期内完成。在实际施工过程中，由于受到外界环境条件、人为条件、现场情况等的限制，经常出现与承包人开工前编制施工进度计划时预计的施工条件有出入的情况，导致实际施工进度与计划进度不符。此时的合同管理就显得特别重要，对暂停施工与工期延误的有关责任应准确把握，并做好修改进度计划和后续施工的协调管理工作。

（1）暂停施工。在施工过程中，有些情况会导致暂停施工。停工责任在发包人，由发包人承担所发生的追加合同价款，赔偿承包人由此造成的损失，相应顺延工期；如果停工责任在承包人，由承包人承担发生的费用，工期不予顺延。

由于发包人不能按时支付的暂停施工，施工合同示范文本通用合同条款中对以下两种情况，给予了承包人暂时停工的权力。

1）延误支付预付款。发包人不按时支付预付款，承包人在约定时间 7 d 后向发包人发出预付通知。发包人收到通知后仍不能按要求预付，承包人可在发出通知后 7 d 停止施工。发包人应从约定应付之日起，向承包人支付应付款的贷款利息。

2）拖欠工程进度款。发包人不按合同规定及时向承包人支付工程进度款且双方又未达成延期付款协议时，导致施工无法进行。承包人可以停止施工，由发包人承担违约责任。

（2）工期延误。在施工过程中，由于社会环境及自然条件、人为情况和管理水平等因素的影响，工期延误经常发生，可能导致不能按时竣工。这时承包人应依据合同责任来判定是否应要求合理延长工期。按照施工合同示范文本通用合同条件的规定，由以下原因造成的工期延误，经确认后，工期可相应顺延。

1）发包人未按专用合同条款的约定提供开工条件。

2）发包人未按约定日期支付工程预付款、进度款，致使工程不能正常进行。

3）发包人未按合同约定提供所需指令、批准等，致使施工不能正常进行。

4）设计变更和工程量增加。

5）一周内非承包人因停水、停电、停气造成停工累计超过 8 h。

6）不可抗力。

7）专用合同条款中约定或发包人同意工期顺延的其他情况。

（3）发包人要求提前竣工。承包人对工程施工中发包人要求提前竣工时，双方应充分协商，达成一致。对签订的提前竣工协议，应作为合同文件的组成部分。提前竣工协议应包括以下几个方面的内容：

1）提前竣工的时间。

2）发包人为赶工应提供的方便条件。

3）承包人在保证工程质量和安全的前提下，可能采取的赶工措施。

4）提前竣工所需的追加合同价款等。

5. 施工环境管理

施工环境管理是指施工现场的正常施工工作应符合行政法规和合同的要求，做到文明施工。施工环境管理应做到遵守法规对环境的要求，保持现场的整洁，重视施工安全。

施工应遵守政府有关主管部门对施工场地、施工噪声及环境保护和安全生产等的管理规定。承包人按规定办理有关手续，并以书面形式通知发包人，发包人承担由此发生的费用。承包人应保证施工场地清洁，符合环境卫生管理的有关规定。交工前清理现场，达到专用合同条款约定的要求。

承包人应遵守安全生产的有关规定，严格按安全标准组织施工，采取必要的安全防护措施，消除事故隐患。因承包人采取安全措施不力造成事故的责任和因此发生的费用，由承包人承担。发包人应对其在施工场地的工作人员进行安全教育，并对他们的安全负责。发包人不得要求承包人违反安全管理规定进行施工。因发包人原因导致的安全事故，由发包人承担相应责任及发生的费用。

承包人在动力设备、输电线路、地下管道、易燃易爆地段及临街交通要道附近施工时，施工开始前应有安全防护措施。安全防护费用由发包人承担。

四、竣工阶段的合同管理

1. 竣工验收

工程验收是合同履行中的一个重要工作阶段，竣工验收可以是整体工程竣工验收，也可以是分项工程竣工验收，具体应按施工合同约定进行。

（1）竣工验收需满足的条件。依据施工合同示范文本通用合同条款和法规的规定，竣工工程必须符合下列基本要求。

1）完成工程设计和合同约定的各项内容。

2）施工单位在工程完工后对工程质量进行检查，确认工程质量符合有关工程建设强制性标准，符合设计文件及合同要求，并提出工程竣工报告。工程竣工报告应经项目经理和施工单位有关负责人审核签字。

3）对于委托监理的工程项目，监理单位对工程进行质量评价，具有完整的监理资料，并提出工程质量评价报告。工程质量评价报告应经总监理工程师和监理单位有关负责人审核签字。

4）勘察、设计单位对勘察、设计文件及施工过程中由设计单位签署的设计变更通知书进行确认。

5）有完整的技术档案和施工管理资料。

6）有工程使用的植物检验检疫证明、主要建筑材料、建筑构配件和设备合格证及必要的进场试验报告。

7）有施工单位签署的工程质量保修书。

8）有公安消防、环保等部门出具的认可文件或准许使用文件。

9）住房城乡建设主管部门及其委托的工程质量监督机构等有关部门责令整改的问题全部整改完毕。

（2）验收后的管理。按照规定的条款和程序进行工程验收。工程未经竣工验收或竣工验收未通过的，发包人不得使用。发包人强行使用时，由此发生的质量问题及其他问题，由发包人承担责任。

确定竣工的日期非常重要，有利于计算承包人的实际施工期限，与合同约定的工期比较是提前竣工还是延误竣工。工程通过了竣工验收，承包人送交竣工验收报告的日期为实际竣工日期。工程按发包人要求修改后通过竣工验收的，实际竣工日期为承包人修改后提请发包人验收的日期。承包人的实际施工期限是从开工日起到上述确认为竣工日期之间的日历天数。

发包人在验收后 14 d 内给予认可或提出修改意见。竣工验收合格的工程移交给发包人使用，承包人不再承担工程保管责任。需要修改缺陷的部分，承包人应按要求进行修改，并承担由自身原因造成修改的费用。

发包人收到承包人送交的竣工验收报告后 28 d 内不组织验收，或验收后 14 d 内不提出修改意见，均视为竣工验收报告已被认可。同时，从第 29 d 起，发包人承担工程保管及一切意外责任。

因特殊原因，发包人要求部分单位工程或工程部位甩项竣工的，双方另行签订甩项竣工协议，明确双方责任和工程价款的支付方法。

中间竣工工程的范围和竣工时间，由双方在专用合同条款内约定。

【特别提示】甩项工程是指某个单位工程，为了急于交付使用，把按照施工图要求还没有完成的某些工程细目甩下，而对整个单位工程先行验收。其甩下的工程细目，称为甩项工程。甩项工程中有些是漏项工程，或者是由于缺少某种材料、设备而造成的未完工程；有些是在验收过程中检查出来的需要返工或进行修补的工程。

2. 工程保修养护

承包人应当在工程竣工验收之前，与发包人签订质量保修书，作为合同附件。质量保修书的主要内容包括工程质量保修范围和内容、质量保修期、质量保修责任、保修费用和其他约定五部分。

（1）工程质量保修范围和内容。双方按照工程的性质和特点，具体约定保修的相关内容。一般由于园林工程施工单位的施工责任而造成的质量问题都应保修，对大规格苗木、珍贵植物要保活养护。

（2）质量保修期。保修期从竣工验收合格之日起计算。在保修书内当事人双方应针对不同的工程部位，约定具体的保修年限。当事人协商约定的保修期限，不得低于法规规定的标准。国务院颁布的《建设工程质量管理条例》明确规定，在正常使用条件下的最低保修期限如下。

1）基础设施工程、房屋建筑的地基基础工程和主体结构工程，为设计文件规定的该工程的合理使用年限。

2）屋面防水工程、有防水要求的卫生间、房间和外墙面的防渗漏，为5年。

3）供热与供冷系统，为2个采暖期、供冷期。

4）电气管线、给水排水管道、设备安装和装修工程为2年。

（3）质量保修责任与保修费用。

1）属于保修范围、内容的项目，且养护、修理项目确实由于施工单位施工责任或施工质量不良遗留的隐患，应由施工单位承担全部修理费用，并在接到发包人的保修通知起7d内派人保修。承包人不在约定期限内派人保修发包人可以委托其他人修理。

2）养护、修理项目是由于建设单位的设备、材料、成品、半成品等不良原因造成的，或由于用户管理使用不当，造成建筑物、构筑物等功能不良或苗木损伤死亡时，均应由建设单位承担全部修理费用。

3）涉及结构安全的质量问题，应当按照《房屋建筑工程质量保修办法》的规定，立即向当地住房城乡建设主管部门报告，采取相应的安全防范措施。由原设计单位或具有相应资质等级的设计单位提出保修方案，承包人实施保修。

4）养护、修理项目是由建设单位和施工单位双方的责任造成的，双方应实事求是地商定各自承担的修理费用。

5）质量保修完成后，由发包人组织验收。

【特别提示】园林工程项目交付使用后，根据有关合同和协议，在一定期限内施工单位应到建设单位进行回访，对该项工程的相关内容实行养护管理和维修。特别是园林绿化工程，其后期管理是保证植物后期成活的关键因素，俗话说"三分栽、七分养"，后期养护管理得当，植物成活率高，如果养护管理不当，就容易引起植物的死亡。园林植物的养护责任期一般为1年，时间的长短以合同标准为依据，一般以能判断园林植物成活为标准。

五、园林工程施工合同的履行、变更、转让和终止

1. 园林工程施工合同的履行

园林工程施工合同的履行，是指依法成立的合同各方当事人按照合同规定的内容，全面履行各自的义务，实现各自的权利，使各方的目的得以实现的行为。合同履行是该合同具有法律约束力的首要表现。履行合同就是要按时、按质、按量完成施工任务，保证园林作品的成功。合同的履行是以有效的合同为前提和依据的，只有通过合同的履行才能取得某种权益。

在履行合同时，双方都应本着诚实守信、公平合理、全面履行的原则。

（1）诚实信用原则。在合同履行过程中应信守商业道德，保守商业秘密。当事人

应根据合同性质、目的和交易习惯履行通知、协助和保密的义务。应关心合同履行情况，努力为对方履行义务创造必要的条件，发现问题应及时协商解决。

（2）全面履行的原则。全面履行就是当事人按合同约定的标的、价款、数量、质量、地点、期限、方式等全面履行各自的义务。合同有明确约定的，应当依约定履行。合同订立后，双方应当严格履行各自的义务，不按期支付预付款、工程款，不按照约定时间开工、竣工，都是违约行为。同时，全面履行还包含合同约定不明确的可以协议补充、按照合同有关条款或交易习惯，以及有关规定履行。

2. 园林工程施工合同的变更

《中华人民共和国民法典》规定，当事人协商一致可以变更合同。合同变更是指当事人对已经发生法律效力，但尚未履行或者尚未完全履行的合同，进行修改或补充所达成的协议。协商一致是合同变更的必要条件，任何一方都不得擅自变更合同。

由于工程合同签订的特殊性，需要有关部门的批准或登记，变更时需要重新登记或审批。变更工程承包合同应遵循一定的法律程序，做好登记存档。有效的合同变更必须要有明确的合同内容的变更。合同的变更一般不涉及已履行的内容。如果当事人对合同的变更约定不明确，视为没有变更。

合同变更后，当事人不得再按照原合同履行，而须按照变更后的合同履行。

《中华人民共和国民法典》已由中华人民共和国第十三届全国人民代表大会第三次会议于2020年5月28日通过，自2021年1月1日起施行。《中华人民共和国民法典》中对于合同变更内容的调整完善如下：

第五百四十三条　当事人协商一致，可以变更合同。

第五百四十四条　当事人对合同变更的内容约定不明确的，推定为未变更。

3. 园林工程施工合同的转让

合同转让是指合同一方将合同的权利、义务全部或部分转让给第三人的法律行为。

按照《中华人民共和国民法典》的规定：当事人一方经对方同意，可以将自己在合同中的权利和义务一并转让给第三人。合同的权利和义务一并转让的，适用债权转让、债务转移的有关规定。债权人转让债权，未通知债务人的，该转让对债务人不发生效力。债权转让的通知不得撤销，但是经受让人同意的除外。债务人接到债权转让通知后，债务人对让与人的抗辩，可以向受让人主张。

有下列情形之一的，债务人可以向受让人主张抵消。

（1）债务人接到债权转让通知时，债务人对让与人享有债权，且债务人的债权先于转让的债权到期或者同时到期。

（2）债务人的债权与转让的债权是基于同一合同产生。

出现以下情形的，债权人不可将债权的全部或部分转让给第三人。

（1）根据债权性质不得转让。

（2）按照当事人约定不得转让。

（3）依照法律规定不得转让。

当事人约定非金钱债权不得转让的，不得对抗善意第三人。当事人约定金钱债权不得转让的，不得对抗第三人。

4. 园林工程施工合同的终止

合同的终止是指合同当事人完全履行了合同规定的义务，当事人之间根据合同确定的权利义务在客观上不复存在，据此合同不再对双方具有约束力。对于园林工程承包合同而言就是经过工程施工阶段，园林绿化工程成为实物形态，此时合同已经完全履行，合同关系可以终止。

根据《中华人民共和国民法典》的规定，合同解除可分为合同约定解除和合同法定解除两种方式。

（1）合同约定解除为当事人协商一致，可以解除合同，当事人可以约定一方解除合同的事由。解除合同的事由发生时，解除权人可以解除合同。

（2）合同法定解除，有下列情形之一的，当事人可以解除合同。

1）因不可抗力致使不能实现合同目的。

2）在履行期限届满前，当事人一方明确表示或者以自己的行为表明不履行主要债务。

3）当事人一方延迟履行主要债务，经催告后在合理期限内仍未履行。

4）当事人一方延迟履行债务或者有其他违约行为致使不能实现合同目的。

5）法律规定的其他情形。

以持续履行的债务为内容的不定期合同，当事人可以随时解除合同，但是应当在合理期限之前通知对方。

合同解除程序如下：当事人一方依法主张解除合同的，应当通知对方。合同自通知到达对方时解除；通知载明债务人在一定期限内不履行债务则合同自动解除，债务人在该期限内未履行债务的，合同自通知载明的期限届满时解除。对方对解除合同有异议的，任何一方当事人均可以请求人民法院或者仲裁机构确认解除行为的效力。

当事人一方未通知对方，直接以提起诉讼或者申请仲裁的方式依法主张解除合同，人民法院或者仲裁机构确认该主张的，合同自起诉状副本或者仲裁申请书副本送达对方时解除。

合同解除后，尚未履行的，终止履行；已经履行的，根据履行情况和合同性质，当事人可以请求恢复原状或者采取其他补救措施，并有权请求赔偿损失。合同因违约解除的，解除权人可以请求违约方承担违约责任，但是当事人另有约定的除外。主合同解除后，担保人对债务人应当承担的民事责任仍应当承担担保责任，但是担保合同另有约定的除外。

【知识点思考5-1】某建设单位通过招标方式与某园林工程施工企业签订了某公园园林景观工程施工合同。在其后施工过程中，业主提出更换合同中约定的某普通树种，改由名贵树种代替，由此产生的合同价款如何调整？

单元二

园林工程施工项目质量管理

【引　言】

随着社会的发展，人们对质量的认识和要求不断提高，质量管理工作已经越来越为人们所重视。众所周知，质量对社会的各个方面都有着深远的影响，高质量的产品和服务是市场竞争的有效手段，是争取用户、占领市场和发展企业的根本保证。从发展战略的高度来认识质量问题，质量已关系到国家的命运、民族的未来，质量管理的水平已关系到行业的兴衰、企业的命运。

一、园林工程施工项目质量管理概述

1. 施工质量及质量控制的概念

施工质量是指通过施工全过程所形成的工程质量，使之满足用户从事生产或生活的需要，而且必须达到设计、规范和合同规定的质量标准。质量控制是为达到质量要求所采取的作业技术和活动。

2. 全面质量管理

全面质量管理（Total Quality Control，TQC），又称为"三全管理"，即全过程的管理、全企业的管理和全体人员的管理。

全面质量管理是企业为了保证和提高工程质量，对施工的整个企业、全部人员和施工全部过程进行质量管理。它包括产品质量、工序质量和工作质量，参与质量管理的人员也是全面的，要求施工部门及全体人员在整个施工过程中都应积极主动地参与工程质量管理。

通常采用 PDCA 循环方法，PDCA 可分为四个阶段，即计划（P）、执行（D）、检查（C）、处理（A）阶段。四个阶段又可具体分为 8 个步骤。

第一阶段为计划（P）阶段。确定任务、目标、活动计划和拟订措施。

第一步，分析现状，找出存在的质量问题，并用数据加以说明。

第二步，掌握质量规格、特性，分析产生质量问题的各种因素，并逐个地进行分析。

第三步，找出影响质量问题的主要因素，通过抓主要因素解决质量问题。

第四步，针对影响质量问题的主要因素，制定计划和活动措施。计划和措施应该

具体明确，有目的、有期限、有分工。

第二阶段为执行（D）阶段。按照计划要求及制定的质量目标、质量标准、操作规程去组织实施，进行作业标准教育，按作业标准施工。

第五步，执行措施，在施工过程中应贯彻执行确定的措施。

第三阶段为检查（C）阶段。通过作业过程、作业结果将实际工作结果与计划内容相对比，通过检查，看是否达到预期效果，找出问题和异常情况。

第六步，检查工作效果，计划措施落实执行后，应及时检查和测试，并把检查结果与计划进行对比分析。

第四阶段为处理（A）阶段。总结经验，弥补缺点，将遗留问题转入下一轮循环。

第七步，处理检查结果，按检查结果，总结成败两方面的经验教训，成功的，纳入标准、规程，予以巩固；不成功的，出现异常时，应调查原因，消除异常，吸取教训，引以为戒，防止再次发生。

第八步，处理本循环尚未解决的问题，转入下一循环，通过再次循环求得解决。随着管理循环的不停转动，原有的矛盾解决了，又会产生新的矛盾，矛盾不断产生而不断被克服，克服后又产生新的矛盾，如此循环不止。每一次循环都把质量管理活动推向一个新的高度。

※ 案例实训 5-2 🔥

全面质量管理体系在园林工程应用中的案例

某园林绿化公司进行某小区绿化工程，施工时间是 5—7 月，该工程包括 500 株大乔木，1 000 株小灌木，1 000 m² 草坪铺设。

（1）根据设计图纸和施工合同，进行现场调查和分析，该园林绿化工程衡量指标是大乔木的成活率。

（2）影响园林植物成活的各种因素有苗木质量、种植时间、土壤条件、施工工艺和养护水平等。

（3）针对本项目，影响植物成活的主要因素是种植的时间和土壤条件。

（4）针对主要原因，制定对策及措施。

1）种植时间。反季节种植，严格按照反季节种植的技术规范要求。对于价格高难成活的植物，适当提前栽植时间。

2）土壤条件。该土壤偏碱性，贫瘠，在平整场地时进行土壤改良；地下水水位比较高，适当设置沟，并浅栽，坑底增加铺设一层透水性好的砂石。

（5）在施工过程中，应贯彻、执行确定的措施，把措施落到实处。

（6）在苗木施工验收中，先检查工作效果并分析结果，再总结成绩，找出差距。

（7）对于该绿化工程中对于地下水水位比较高采取的措施取得良好的效果，可以将该经验形成技术规范及贯彻执行于以后的施工中。

（8）将遗留问题转入下一循环。例如为保证大乔木的成活进行了大量修剪，有些苗木修剪后生长势变弱，那在下次园林绿化工程中进行下一次 PDCA 循环，找出原因并转入下一个循环去研究解决。

二、影响施工项目质量的因素

1. 施工人员

人是生产经营活动的主体，也是工程项目建设的决策者、管理者、操作者，工程建设全过程都是通过人来完成的。因此，人的文化水平、技术水平、决策能力、管理能力、组织能力、作业能力、控制能力、身体素质及职业道德等对施工质量来说，施工能否满足合同、规范、技术标准的需要等影响是非常大的。园林绿化行业实现经营资质管理和各类专业从业人员持证上岗制度，是保证人员素质的重要管理措施。

苗木的质量要求

2. 工程材料

工程材料是指构成工程实体的各类建筑材料、构配件、半成品及园林绿化植物等，它是工程建设的物质条件，也是工程质量的基础。工程材料选用示范合理、产品是否合格、材质是否经过检验、植物是否检疫、保管使用是否得当等，都将间接影响工程的使用功能和观感，且影响绿化安全。

3. 机械设备

机械设备是实现工程项目施工的物质基础和手段，特别是现代化施工必不可少的设备。施工设备的选择是否合理、适用与先进，都将直接影响工程项目的施工质量和进度。

4. 施工工艺

在工程施工中，施工方案是否合理，施工工艺是否先进，施工操作是否正确，都将对工程质量产生重大的影响。大力推进采用新技术、新工艺、新方法，不断提高工艺技术水平，是保证工程质量稳定提高的重要因素。

5. 施工环境

影响工程项目施工环境的因素包括工程技术环境、工程管理环境、劳动环境。工程技术环境影响因素有工程地质、地形地貌、水文地质、工程水文和气候等。工程管理环境影响因素有质量管理体系、质量管理制度、工作制度、质量保证活动、协调管理及能力等。劳动环境影响因素有施工现场的气候、通风、照明和安全卫生防护设施等。这些因素不同程度地影响工程项目施工质量的控制和管理。加强环境管理，改进作业条件，把握好技术环境，辅以必要的措施，是控制环境对质量影响的重要保证。

6. 项目各方的组织与协调

现代园林绿化工程都是大规模的城市改造工程，涉及城市的各个方面，因而由单一的工程施工队伍是无法完成的，常常是由多个分包项目组完成，最终达到项目的整体感觉。这也就是说，要提高园林绿化工程项目质量就必须要对每一部分的分包项目组进行全面控制，最终达到降低成本、提高园林工程质量的目的。

三、园林工程施工质量管理的特性

园林工程施工质量管理的特性是由园林工程本身和建设生产的特点决定的。建设工程及其生产的特点：一是产品的固定性，生产的流动性；二是产品的多样性，生产的单件性；三是产品的形体庞大、高投入、生产周期长、具有风险性；四是产品的社会性，生产的外部约束性。正是由于上述园林工程的特点，而形成了工程质量本身的特点。

（1）影响因素多。园林工程施工质量管理受到多种因素的影响，如决策、设计，材料、机具设备施工方法、施工工艺、技术措施、人员素质、工期、工程造价等，这些因素直接或间接地影响工程项目质量。

（2）质量波动大。由于园林工程施工不同于一般工业产品的生产，有固定的生产流水线、有规范化的生产工艺和完善的检测技术、有成套的生产设备和稳定的生产环境，而且工程施工中存在较多的偶然性因素和系统性因素，所以，工程质量容易产生波动且波动大。如材料规格品种的使用错误、施工方法不当、操作未按规程进行等，都会产生质量波动。

（3）质量隐蔽性。在施工过程中，由于分项工程交接多、隐蔽工程多，如果不及时进行质量检查，只在事后的表面进行检查，就很难发现内在的质量问题，工程质量因此存在隐蔽性。在施工中出现判断错误在所难免，把合格判断为不合格即为第一类错误，将不合格品误认为合格品即为第二类错误。

（4）评价方法特殊。园林工程项目建成后不可能像一般工业产品那样依靠终检来判断产品质量，也不能将产品拆卸、解体来检查其内在的质量。因此，工程质量的检查评定及验收是按检验批、分项工程、分部工程、单位工程进行的。检验批的质量是分项工程乃至整个工程质量检验的基础，检验批质量主要取决于主控项目和一般项目的抽样检验结果。隐蔽工程在隐蔽前要检查合格后验收，涉及结构安全的试块、试件及有关材料，应按规定进行见证取样检测，涉及结构安全和使用功能的重要分部工程要进行抽样检测。工程质量的评价方法要体现"验评分离、强化验收、完善手段、过程控制"的指导思想。

【特别提示】园林工程施工工期长，所用材料品种繁杂，引起质量问题最常见的因素有违背建设程序；违反法规行为；地质勘察失真；设计差错；施工与管理不到位；使用不合格的原材料、制品及设备；自然环境因素；使用不当。

园林建设工程施工准备是为保证园林施工正常进行而必须事先做好的工作。施工准备不仅在工程开工前要做好，而且贯穿整个施工过程。施工准备的基本任务就是为工程建立一切必要的施工条件，确保施工生产顺利进行，工程质量符合要求。

1. 施工准备阶段的质量管理

（1）研究和会审图纸及技术交底。通过研究和会审图纸，可以广泛听取使用人员、施工人员的正确意见，弥补设计上的不足，提高设计质量；可以使施工人员了解设计意图、技术要求、施工难点。

技术交底是施工前的一项重要准备工作，使参与施工的技术人员与工人了解承建工程的特点、技术要求、施工工艺及施工操作要求等。

（2）施工组织设计。施工组织设计是指导施工准备和组织施工的全面性技术经济文件。对施工组织设计，要求进行以下两方面控制。

1）选定施工方案后，制定施工进度时，必须考虑施工顺序、施工流向，主要分部、分项工程的施工方法，特殊项目的施工方法和技术措施能否保证工程质量。

2）制定施工方案时，必须进行技术经济比较，使风景园林建设工程符合设计要求以及保证质量，以得到施工工期短、成本低、安全生产、效益好的施工过程。

（3）现场勘察、"四通一平"和临时设施的搭建。掌握现场地质、水文勘察资料，检查"四通一平"、临时设施搭建能否满足施工需要，保证工程顺利进行。

（4）物资准备。检查原材料、构配件是否符合质量要求；施工机具是否可以进入正常运行状态。

（5）劳动力准备。施工力量的集结，能否进入正常的作业状态；特殊工种及缺门工种的培训，是否具备应有的操作技术和资格；劳动力的调配，工种间的搭接，能否为后续工种创造合理的、足够的工作面。

2. 施工阶段的质量管理

按照施工组织设计总进度计划，编制具体的月度和分项工程施工作业计划与相应的质量计划。对材料、机具设备、施工工艺、操作人员、生产环境等影响质量的因素进行控制，以保持园林建设产品总体质量处于稳定状态。

（1）施工工艺的质量控制。工程项目施工应编制"施工工艺技术标准"，规定各项作业活动和各道工序的操作规程、作业规范要点、工作顺序、质量要求。

上述内容应预先向操作者进行交底，并要求认真贯彻执行。对关键环节的质量、工序、材料和环境应进行验证；使施工工艺的质量控制符合标准化、规范化、制度化的要求。

（2）施工工序的质量控制。施工工序质量控制，它包括影响施工质量的五个因素（人、材料、机具、方法、环境），使工序质量的数据波动处于允许的范围内；通过工序检验等方式，准确判断施工工序质量是否符合规定的标准，以及是否处于稳定状态；在出现偏离标准的情况下，分析产生的原因，并及时采取措施，使之处于允许的范围内。

（3）人员素质的控制。定期对职工进行规程、规范、工序工艺、标准、计量、检验等基础知识的培训和开展质量管理、质量意识教育。

（4）设计变更与技术复核的控制。加强对施工过程中提出的设计变更的控制。重大问题须经建设单位、设计单位、施工单位三方同意，由设计单位负责修改，并向施工单位签发设计变更通知书。对建设规模、投资方案等有较大影响的变更，须经原批准初步设计单位同意，方可进行修改。所有设计变更资料，均须有文字记录，并按要求归档。

对重要的或影响全局的技术工作，必须加强复核，以免发生重大差错，影响工程质量。

【特别提示】 在任何工程施工过程中，由于各种主观和客观原因，出现不合格或质量问题往往难以避免。为此，施工单位必须掌握如何防止和处理施工中出现的不合格和各种质量问题。

（1）当因施工而引起的质量问题处于萌芽状态，应及时制止，立即更换不合格材料、设备或不称职人员，改变不正确的施工方法和操作工艺。

（2）当因施工而引起的质量问题已出现时，应立即对其质量问题进行补救处理，并采取足以保证施工质量的有效措施。

（3）当某道工序或分项工程完工以后，出现不合格项，施工单位应及时采取措施予以改正。

（4）在交工使用后的保修期内发现的施工质量问题，施工单位应进行修补、加固或返工处理。

3. 竣工阶段的质量管理

（1）工序间的交工验收工作的质量控制。工程施工中往往上道工序的质量成果被下道工序所覆盖；分项或分部工程质量成果被后续的分项或分部工程所掩盖。因此，要对施工全过程的分项与分部施工的各工序进行质量控制。要求班组实行保证本工序、监督前工序、服务后工序的自检、互检、交接检和专业性的"中间"质量检查，保证不合格工序不转入下一道工序。

（2）竣工交付使用阶段的质量控制。单位工程或单项工程竣工后，由施工项目的上级部门严格按照设计图纸、施工说明书及竣工验收标准，对工程的施工质量进行全面鉴定并评定等级。工程进入交工验收阶段，应有计划、有步骤、有重点地进行收尾工程的清理工作，通过交工前的预验收，找出漏项项目和需要修补的工程，并及早安排施工。工程项目经自检、互检后，与建设单位、设计单位和上级有关部门进行正式的交工验收工作。

按照我国现行标准，分项、单项、项目工程质量的评定等级可分为"合格"与"优良"两级。因此，监理工程师在工程质量的评定验收中，只能按合同要求的质量等级进行验收。

国内风景园林建设工程质量等级由当地工程质量监督站或上级业务主管部门核定。

1. 工程质量等级标准

（1）分项工程的质量等级标准。

1）合格。保证项目必须符合相应质量评定标准的规定。基本项目抽检处（件）应符合相应质量评定的合格规定。

在允许偏差项目抽检的点数中，土建工程有 70% 及以上、设备安装工程有 80% 及以上的实测值在相应质量评定标准的允许偏差范围内，其余的实测值也应基本达到相应质量评定标准的规定。

而植物材料的检查有的是凭植株数，如各种乔木，有的则凭完工形状，如草、花、竹类、沿阶草等。

2）优良。保证项目必须符合质量检验评定标准的规定。基本项目每项抽检处（件）应符合相应质量检验评定标准的合格规定，其中的 50% 及以上处（件）符合优良规定，该项为优良；优良项数占抽检项数的 50% 及以上，该检验项目即为优良。

允许偏差项目抽检的点数中，有 90% 及以上的实测值在相应质量标准的允许偏差范围内，其余的实测值也应基本达到相应质量评定标准的规定。

（2）单项工程质量等级标准。合格所含分项的质量全部合格。优良所含分项的质量全部合格，其中 50% 及以上为优良。

（3）项目工程质量等级标准。合格所含分部工程全部合格。质量保证资料应符合规定。观感质量的评分得分率达到 70% 及以上。

优良所含各分部的质量全部合格，其中有 50% 及以上优良。质保资料应符合规定。观感得分率达到 85% 及以上。

※ 知识链接

工程质量检验的判断方法很多，目前应用于园林工程施工的质检方法主要有统计调查表法、分层法、直方图法、因果图法、排列图法。

2. 工程质量的评定

对于分项工程质量的评定，由于涉及单项工程、项目工程的质量评定和工程能否验收，所以，监理工程师在评定过程中应做到认真细致以确定能否验收，然后按现行工程质量检验评定标准进行分项工程质量的评定，以此来保证项目是涉及风景园林建设工程结构安全或重要使用性能的分项工程，应全部满足标准规定的要求。

基本项目对风景园林建设成果的使用要求、使用功能、美观等都有较大影响，必须通过抽查来确定是否合格，是否达到优良的工程内容，在分项工程质量评定中的重要性仅次于保证项目。

基本项目的主要内容包括允许有一定的偏差项目，但又不宜纳入允许偏差项目。在基本项目中用数据规定出"优良"和"合格"的标准；对不能确定偏差值而又允许出现一定缺陷的项目，则以缺陷的数量来区分"优良"和"合格"；采用不同影响部位区别对待的方法来划分"优良"和"合格"；用程度来区分项目的"优良"和"合格"。当无法定量时，就用不同程度来区分"优良"和"合格"。

允许偏差项目是结合对风景园林建设工程使用功能、观感等的影响程度，根据一般操作水平允许有一定的偏差，但偏差值在一定范围内的工作内容。允许偏差值的数据有以下几种情况：有正、负要求的数值；偏差值无正、负概念的数值，直接注明数字，不标符号；要求大于或小于某一数值；要求在一定范围内的数值；采用相对比例值确定偏差值。

【知识点思考5-2】园林工程中的绿化部分常常是在建筑、广场、道路等硬质景观完成后进行，为此某施工企业为赶工进度、节约成本，对种植区场地不进行栽植土壤化验，直接在建筑垃圾土上铺草皮造绿，造成大量的树木、草皮过早死亡。试问，在施工阶段应如何开展质量管理工作？

单元三

园林工程施工项目成本管理

【引 言】

目前，园林工程施工市场竞争日趋激烈，利润空间有限，园林工程施工企业要想创造效益，就必须严格做好施工项目成本管理。园林工程施工成本控制的目的，在于降低项目成本、提高经济效益。

园林施工成本是指施工企业以园林施工项目作为成本核算对象的施工过程中，所耗费的生产资料转移价值和劳动者的必要劳动所创造的价值的货币形式，即某园林在施工中所发生的全部生产费用的总和，包括所消耗的主、辅材料，构配件，周转材料的摊销费或租赁费，施工机械的台班费或租赁费，支付给生产工人的工资、奖金及项目经理部（或分公司、工程处），组织和管理工程施工所发生的全部费用支出。

园林施工成本不包括劳动者为社会所创造的价值（如税金和计划利润），也不应包括不构成施工项目价值的一切非生产性支出。明确这些对研究园林施工成本的构成和进行园林施工成本管理是非常重要的。

一、园林工程施工项目成本管理概述

园林工程施工项目成本是园林施工企业的主要成本，即工程成本，一般以所建设项目的单项工程作为成本核算对象，通过各单项工程成本核算的综合来反映建设项目的施工现场成本。

1. 园林工程施工项目成本控制的定义

园林工程施工项目成本控制是指在园林施工过程中，对影响园林施工项目成本的各种因素加强管理，并采取各种有效措施，将施工中实际发生的各种消耗和支出严格控制在成本计划范围内，随时揭示并及时反馈，严格审查各项费用是否符合标准，计算实际成本和计划成本之间的差异并进行分析，消除施工中的损失浪费现象，发现和总结先进经验。

2. 园林工程施工项目成本的主要形式

（1）按成本发生的时间来划分。

1）预算成本。工程预算成本是反映各地区园林绿化行业的平均成本水平。它根据施工图由全国统一的工程量计算规则计算出来的工程量，全国统一的建筑、安装工程基础定额和由各地区的市场劳务价格、材料价格信息及价差系数，并按有关取费的指导性费率进行计算。

全国统一的建筑、安装工程基础定额是为了适应市场竞争、鼓励企业以个别成本报价，按照量价分离及将工程实体消耗量和周转性材料、机具等施工手段相分离的原则来制定的，可作为编制全国专业统一和地区统一概算的依据，也可作为企业编制投标报价的参考。

市场劳务价格和材料价格信息及价差系数和施工机具台班费由各地区园林绿化工程造价管理部门按季度（或按年度）发布，进行动态调整。预算成本是确定工程造价的基础，也是编制计划成本和评价实际成本的依据。

2）计划成本。施工项目计划成本是指施工项目经理部根据计划期的有关资料（如工程的具体条件和建筑企业为实施该项目的各项技术组织措施），在实际成本发生前预先计算的成本，也即园林绿化企业考虑降低成本措施后的成本计划数，反映了企业在计划期内应达到的成本水平。它对于加强园林绿化企业和项目经理部的经济核算，建立健全施工项目成本管理责任制，控制施工过程中的生产费用，降低施工项目成本具有十分重要的作用。

3）实际成本。实际成本是根据施工项目在报告期内实际发生的各项生产费用的总和。把实际成本与计划成本比较，可揭示成本的节约和超支，考核企业施工技术水平及技术组织措施的贯彻执行情况和企业的经营效果。实际成本与预算成本比较，可以反映工程盈亏情况。因此，计划成本和实际成本都是反映园林绿化企业成本水平的，它受企业本身的生产技术、施工条件及生产经营管理水平制约。

（2）按生产费用计入成本的方法来划分。园林工程施工成本按生产费用计入成本的方法可划分为直接成本和间接成本两种。

1）直接成本。直接成本也就是直接工程费，是指施工过程中直接消耗费并构成工程实体或有助于工程形成的各项支出。其包括人工费、材料费、机械使用费和其他直接费用。

①人工费：是指直接从事园林绿化、建筑安装工程施工的生产工人开支的各项费用。其包括基本工资、工资性补贴、生产工人辅助工资、职工福利费及劳动保护费等。

②材料费：是指施工过程中耗用并构成工程实体的原材料、辅助材料、构配件、零件及半成品的费用和周转使用材料的摊销（或租赁）费用，包括材料原价或供应价、供销部门手续费、包装费、材料自来源地运至工地仓库或指定堆放地点的装卸费（运输费及途耗、采购）及保管费。

③机械使用费：是指使用自有施工机械作业所发生的机械使用费和租用外单位的施工机械租赁费，以及机械安装、拆卸和进出场费用。其内容包括折旧费、大修费、经修费、安拆费及场外运输费、燃料动力费、人工费，以及运输机械车船使用税和保险费等。

④其他直接费：是指直接费以外施工过程中发生的其他费用，内容有冬期、雨期施工增加费；夜间施工增加费；材料二次搬运费；仪器、仪表使用费（指通信、电子等设备安装工程所需安装、测试仪器仪表摊销及维修费用）；生产工具、用具的使用费；检验试验费；特殊工种培训费；工程定位复测、工程点交、场地清理等费用；特殊地区施工增加费；临时设施摊销费。

2）间接成本。间接成本是指企业的各项目经理部为施工准备、组织和管理施工生产所发生的全部施工间接费支出。其具体的费用项目及其内容包括现场项目管理人员的基本工资、奖金、工资性补贴、职工福利和劳动保护费、办公费、差旅交通费、固定资产使用费、工具、用具使用费、保险费、检验试验费、工程保修费、工程排污费及其他费用等。

对于施工企业所发生的经营费用、企业管理费和财务费用，则按规定计入当期损益，同时也可计为期间成本。

应该指出，企业下列支出不得列入成本费用：为购置和建造固定资产、无形资产和其他资产的支出；对外投资的支出；没收的财物，支付的滞纳金、罚款、违约金、赔偿金，以及企业赞助、捐赠支出；国家法律、法规规定以外的各种付费和国家规定不得列入成本、费用的其他支出。

（3）按生产费用和工程量关系来划分。园林工程生产费用按其与工程量的关系可划分为固定成本和变动成本。

1）固定成本。固定成本是指在一定期间和一定的工程量范围内，其发生的成本额不受工程量增减变动的影响而相对固定，如折旧费、设备大修费、管理人员工资、办公费、照明费等。这一成本是为了保障企业在一定的生产经营条件而发生的。一般来说，对于企业的固定成本，每年基本相同，但是，当工程量超过一定范围时，则需要增添机械设备和管理人员，此时固定成本将会发生变动。此外，所谓固定是指其总额而言，至于分配到每个项目单位工程量上的费用则是变动的。

2）变动成本。变动成本是指发生总额随着工程量的增减变动而成正比例变动的费用，如直接用于工程的材料费、实行计划工资制的人工费等。所谓变动，是就其总额而言，对于单位工程上的变动费用，往往是不变的。

园林工程施工成本控制工作贯穿于施工生产及经营管理活动的全过程和各个层面，对施工企业的生存发展起着至关重要的作用。园林工程施工成本控制主要通过技术、经济和管理活动达到预定目标，实现盈利的目的。园林工程施工成本控制的内容很广泛，贯穿施工管理活动的全过程和各方面。

【特别提示】园林工程施工成本控制的依据如下：
（1）工程项目的成本计划。
（2）进度报告。
（3）工程变更。

二、园林工程施工项目成本计划及管理

1. 园林工程施工项目成本计划

园林工程施工项目成本计划是指以货币形式编制园林工程在计划期内的生产费用、成本水平、成本降低率，以及为降低成本所采取的主要措施和规划的书面方案。它是建立园林施工项目成本管理责任制、开展成本控制和核算的基础。

（1）园林工程施工项目成本计划是施工企业加强成本管理的重要手段，是落实成本管理经济责任制的重要依据。

（2）园林工程施工项目成本计划是调动企业内部各方面的积极因素，合理使用一切物质资源和劳动资源的措施之一。

（3）园林工程成本计划为企业编制财务计划、核定企业流动资金定额，确定施工生产经营计划利润等提供了重要依据。

园林工程施工项目成本计划的编制资料

（1）成本预测及决策资料。

（2）测算的目标成本资料。

（3）与计划成本有关的其他生产经营计划资料。

（4）施工项目工期成本计划执行情况及分析资料。

（5）历史成本资料。

（6）同类行业、同类产品成本水平资料。

2. 园林工程施工项目成本控制

施工项目的成本控制不仅是专业成本人员的责任，而且是所有的项目管理人员，特别是项目经理，都要按照自己的业务分工各负其责。强调成本控制，一方面，是因为成本控制的重要性，是诸多当今国际指标中的必要指标之一；另一方面，还在于成本指标的综合性和群众性，既要依靠各部门、各单位的共同努力，又要由各部门、各单位共享低成本的成果。为了保证项目成本控制工作的顺利进行，需要把所有参加项目建设的人员组织起来，并按照各自的分工开展工作。

（1）建立以项目经理为核心的项目成本控制体系。项目经理负责制是项目管理的特征之一。实行项目经理负责制，就是要求项目经理对项目建设的进度、质量、成本、安全和现场管理标准化等全面负责，特别要把成本控制放在首位，因为成本失控，必然影响项目的经济效益，难以完成预期的成本目标，更无法向职工交代。

（2）建立项目成本管理责任制。项目管理人员的成本责任不同于工作责任。有时工作责任已经完成，甚至还完成得相当出色，但成本责任没有完成。例如，项目工程师贯彻工程技术规范认真负责，对保证工程质量起了积极的作用，但往往强调了质量，忽视了节约，影响了成本。又如，材料员采购及时，供应到位，配合施工得力，值得赞扬，但在材料采购时就远不就近，就次不就好，就高不就低，既增加了采购成本，又不利于工程质量。因此，应该在原有职责分工的基础上，还要进一步明确成本管理责任，使每一个项目管理人员都有这样的认识：在完成工作责任的同时，还要为降低成本精打细算，为节约开支严格把关。

（3）实行对施工队分包成本的控制。

1）对施工队分包成本的控制。在管理层与劳务层两层分离的条件下，项目经理部与施工队之间需要通过劳务合同建立发包与承包的关系。在合同的履行过程中，项目经理部有权对施工队的进度、质量、安全和现场管理标准进行管理；同时，还要按合同规定支付劳务费用。

2）落实生产班组的责任成本。生产班组的责任成本就是分部分项工程成本。其中，实耗人工属于施工队分包成本的组成部分，实耗材料则是项目材料费的构成内容。因此，分部分项工程成本既与施工队的效益有关，又与项目成本不可分割。

生产班组的责任成本，应由施工队以施工任务单和限额领料单的形式落实给生产班组，并由施工队负责回收和结算。

签发施工任务单和限额领料单的依据：施工预算工程量、劳动定额和材料消耗定额。在下达施工任务的同时，还要向生产班组提出进度、质量、安全和文明施工的具体要求，以及施工中应该注意的事项。以上这些，也是生产班组完成责任成本的制约条件。在任务完成后的施工任务单结算中，需要联系责任成本的实际完成情况进行综合考评。

由此可见，施工任务单和限额领料单是项目管理中最基本、最扎实的基础管理，它不仅能控制生产班组的责任成本，还能使项目建设的快速、优质、高效建立在坚实的基础之上。

三、园林工程施工项目成本核算

施工项目成本核算在施工项目成本管理中占有非常重要的地位，它反映和监督施工项目成本计划的完成情况，为项目成本预测、技术经济评价、参与经营决策提供可靠的成本报告和有关信息，促进项目改善经营管理，降低成本，提高经济效益是施工项目成本核算的根本目的。

施工项目成本核算的先决前提和首要任务是执行国家有关成本开支范围、费用开支标准、工程预算定额和企业施工预算、成本计划的有关规定，控制费用，促使项目合理使用人力、物力和财力。

项目成本核算的主体和中心任务是正确、及时核算施工过程中发生的各项费用，计算施工项目的实际成本。为了充分发挥项目成本核算的作用，要求施工项目成本核算必须遵守以下基本要求：

（1）做好成本核算的基础工作。

1）建立、健全材料、劳动、机械台班等内部消耗定额，以及材料、作业、劳务等的内部计价制度。

2）建立、健全各种财产物资的收发、领退、转移、报废、清查、盘点、索赔制度。

3）建立、健全与成本核算有关的各项原始记录和工程量统计制度。

4）完善各种计量检测设施，建立、健全计量检测制度。

5）建立、健全内部成本管理责任制。

（2）正确、合理地确定工程成本计算期。我国会计制度要求，施工项目工程成本的计算期应与工程价款结算方式相适应。施工项目的工程价款结算方式一般有按月结算或按季结算的定期结算方式和竣工后一次结算方式，据此，在确定工程成本计算期进行成本核算时应按以下原则处理。

1）园林绿化、建筑及安装工程一般应按月或按季计算当期已完工程的实际成本。

2）实行内部独立核算的园林绿化企业应按月计算产品、作业和材料的成本。

3）改、扩建零星工程及施工工期较短（一年以内）的单位工程或按成本核算对象进行结算的工程，可相应采取竣工后一次结算工程成本。

4）对于施工工期长、受气候条件影响大、施工活动难以在各个月份均衡开展的施工项目，为了合理负担工程成本，对某些间接成本应按年度工程量分配计算成本。

（3）遵守国家成本开支范围，划清各项费用开支界限。成本开支范围，是指国家对企业在生产经营活动中发生的各项费用允许在成本中列支的范围，它体现着国家的财经方针和制度对企业成本管理的规定与要求。

1）划清成本、费用发出和非成本、费用支出的界限。

2）划清施工项目工程成本和期间费用的界限。

3）划清各个成本核算对象的成本界限。

4）划清本期工程成本和下期工程成本的界限。

5）划清已完工程成本和未完工程成本的界限。

四、园林工程施工项目成本分析与考核

1. 施工项目成本分析的内容

施工项目成本分析是根据统计核算、业务核算和会计核算提供资料，对项目施工成本的形成过程和影响成本升降的因素进行分析，以寻求进一步降低成本的途径。同时，通过成本分析，找出成本超支的原因，为加强成本控制、实现目标成本创造条件。

施工项目成本分析的内容包括以下三个方面。

（1）随着项目施工的进展而进行的成本分析。

1）分部分项成本分析。

2）月（季度）成本分析。

3）年度成本分析。

4）竣工成本分析。

（2）按成本项目进行的成本分析。

1）人工费分析。

2）材料费分析。

3）机械使用费分析。

4）其他直接费分析。

5）间接成本分析。

（3）针对特定问题与成本有关事项的分析。

1）成本盈亏异常分析。

2）工期成本分析。

3）资金成本分析。

4）技术组织措施节约效果分析。

5）其他有利因素和不利因素对成本的影响分析。

园林工程施工项目成本分析的方法

（1）基本方法：指标对比分析法；因素分析法。

（2）综合成本的分析方法：分部分项工程成本分析；月（季）度成本分析；年度成本分析；竣工成本综合分析。

（3）成本项目分析：人工费分析；材料费分析；采购保管费分析；材料储备资金分析；机械使用费分析；其他直接费分析；间接成本分析。

2．施工项目成本考核

施工现场成本考核的目的是贯彻落实责、权、利相结合的原则，调动项目经理和所属部门施工队、生产班组的积极性，促进成本管理工作的健康发展。

在施工现场成本考核中，特别要强调施工过程中的中间考核。通过中间考核能够及时发现问题，采取措施，以起到亡羊补牢的作用。

对施工现场进行成本考核应分为两个层次：一是企业对施工项目经理的考核；二是项目经理对所属部门、施工队、生产班组的考核。通过层层考核达到督促各级成本责任者更好地完成自己的责任成本的目的。

（1）施工项目成本考核的内容。

1）企业对施工项目经理考核的内容。

①施工项目成本目标和阶段成本目标完成的情况。

②以施工项目经理为核心的成本管理责任制的落实情况。

③成本计划编制的落实情况。

④对各部门、各施工队和班组责任成本的检查和考核情况。

⑤贯彻责、权、利相结合原则的执行情况。

2）施工项目经理对所属下级的考核内容。

①对各职能部门考核的内容：本部门、本岗位的责任成本完成情况；本部门、本岗位的成本管理责任执行情况。

②对各施工队的考核内容：本队、本岗位的责任成本完成情况；本队、本岗位的成本管理责任执行情况；对班组施工任务单的管理情况，以及班组完成施工任务后的考核情况。

③对生产班组的考核内容（平时由施工队考核）：以施工项目的分部分项工程成本作为班组的责任成本，以施工任务单和限额领料单的结算资料为依据，与施工预算进行对比，考核班组责任成本完成情况。

（2）施工现场成本考核的实施。

1）考核的原则。

①施工现场成本考核要与相关指标（进度、质量、安全和现场标准化管理）的完成情况相结合。

②强调施工现场成本的中间考核。

③正确考核施工项目竣工成本。

2）考核的方法。施工现场成本考核可分为月度考核、阶段考核、竣工考核，一般采用评分法进行。首先按上述考核内容评定分值，然后对责任成本和成本管理工作定出权重，前者权重可定为7，后者定为3，也可根据现场具体情况做适当调整。

3）考核后的奖罚标准。施工现场成本奖罚的标准，应通过经济合同形式明确规定，以保证奖罚具有法律依据。在制定奖罚标准时，应从客观情况出发。总体原则是既要考虑职工的利益，又要考虑施工项目成本承受的能力。具体标准应根据施工项目造价的高低，经过认真测算确定。

另外，企业领导和施工项目经理还可对所属各部门、施工队、班组和个人进行随机奖励，但这已不属于上述成本奖励范围。

【知识点思考5-3】怎样进行园林工程施工项目成本考核？

单元四

园林工程施工项目进度控制

【引　言】

园林工程施工项目进度管理是一个动态的过程，有一个目标体系。保证工程项目按期交付使用，是工程施工阶段进度控制的最终目的。将施工进度总目标从上层至下层进行分解，形成施工进度控制目标体系，作为实施进度控制的依据。只有处理好施工进度管理各种因素的影响，制定出最优的进度计划，运用科学的原理和手段，才能确保项目按工程目标完成，并提高施工效益。

一、施工进度控制概述

1．进度控制的概念

进度控制是指项目进度计划制定后，对工程项目建设各阶段的工作内容、工作程序、持续时间和衔接关系根据进度总目标及资源优化配置的原则编制计划并付诸实施，在计划执行过程中不断检查，并将实际状况与计划安排进行对比，对出现的偏差情况进行分析，通过采取组织、技术、经济和合同等措施，使之能正常实施。

2．进度控制的分类

（1）项目总进度控制，即项目经理等高层管理部门对项目中各里程碑时间的进度控制；

（2）项目主进度控制，主要是项目部门对项目中每一主要事件的进度控制；

（3）项目详细进度控制，主要是各作业部门对各具体作业进度计划的控制。这是进度控制的基础，只有详细进度得到较强的控制才能保证主进度的按计划进行，最终保证项目总进度，使项目目标得以顺利实现。

3．进度控制的主要过程

（1）确定固定的报告期（日、周、双周或月）。

（2）控制项目的整个执行过程，将实际进程与计划进程相比。

（3）关键是定期及时测量实际进程，并与计划进程相比，如有必要，立刻采取纠正措施。

（4）如已根据变更修订了计划，并已经过客户的批准同意，则必须建立新的基准计划。

※ 知识链接

园林工程施工项目进度管理的基本原理有动态循环控制原理、系统控制原理、信息反馈原理、统计学原理和网络计划技术原理。

二、影响施工进度控制的因素

由于园林工程的施工特点，尤其是较大和复杂的施工工程，工期较长，影响进度因素较多。

（1）工程建设相关单位的影响。影响工程项目施工进度的单位不只是施工承包单位。事实上，只要是与工程建设有关的单位（如政府有关部门、业主，设计单位、物资供应单位、资金贷款单位，以及运输、通信、供电部门等），其工作进度的拖后必将对施工进度产生影响。因此，控制施工进度仅考虑施工承包单位是不够的，必须充分协调各相关单位之间的进度关系。而对于那些无法进行协调控制的进度关系，在进度计划的安排中应留有足够的机动时间。

（2）物资供应进度的影响。施工过程中需要的材料、构配件、机具和设备等，如果不能按期运抵施工现场或运抵施工现场后，发现其质量不符合有关标准的要求，都会对施工进度产生影响。因此，项目进度控制人员应严格把关，采取有效措施控制好物资供应进度。

（3）资金的影响。工程施工的顺利进行必须有足够的资金做保障。项目进度控制人员应根据业主的资金供应能力，安排好施工进度计划，并督促业主及时支付工程预付款和工程进度款，以免因资金供应不足而拖延进度，导致工期索赔。

（4）设计变更的影响。在设计工程中，出现设计变更是难免的，或者是由于原设计有问题需要修改，或者是由于业主提出新的要求。项目进度控制人员应加强图纸审查，严格控制随意变更，特别对业主的变更要求应引起重视。

（5）施工条件的影响。在施工过程中，一旦遇到气候、水文、地质及周围环境等方面的不利因素，必然会影响施工进度。此时，承包单位应利用自身的技术组织能力予以克服。

（6）各种风险因素的影响。风险因素包括政治、经济、技术及自然等方面的各种预见的因素。政治方面的有战争、内乱、罢工、拒付债务、制裁等；经济方面的有延迟付款、汇率浮动、换汇控制、通货膨胀、分包单位违约等；技术方面的有工程事故、试验失败、标准变化等；自然方面的有地震、洪水等。

（7）承包单位自身管理水平的影响。施工现场的情况千变万化，如果承包单位的施工方案不当，计划不周，管理不善，解决问题不及时等，都会影响工程项目的施工进度。

三、施工进度控制的措施

1. 组织措施

组织措施是指建立进度实施和控制的组织系统，建立进度协调会议制度，建立进度信息沟通网络，建立进度控制目标体系。如召开协调会议、落实各层次进度控制的人员、具体任务和工作职责，按施工项目的组成、进展阶段、合作分工等将总进度计划分解，以制定出切实可行的进度目标。

2. 合同措施

合同措施包括加强合同管理，控制合同变更，对有关工程变更和设计变更，应通过监理工程严格审查。

3. 技术措施

设计方案会对工程进度产生不同的影响，在工程进度受阻的时候，应分析是否存在设计技术的影响，以及为实现进度目标有无设计变更的可能性。施工方案对工程进度也有着直接的影响，考虑为实现进度目标有无变更施工技术、施工流向、施工机械和施工顺序的可能性。

4. 经济措施

经济措施应编制与进度计划相适应的各种资源（劳动力、材料、机械设备和资金）需求计划，资金供应条件（资金总供应量、资金供应条件）满足进度计划的要求，同时，还应考虑为实现进度目标将要采取的经济激励措施所需要的费用。

5. 信息管理措施

信息管理措施是指对施工实施过程进行监测、分析、调整、反馈和建立相应的信息流动程序及信息管理工作制度，以连续地对全过程进行动态控制。

单元五

园林工程施工安全管理

【引　言】

在目前的工程建设项目管理中，对安全的强调已经逐渐被健康、安全和环保的综合管理形式取代。健康、安全与环境管理体系（Health，Safety and Environment management system，HSE）突出预防为主，领导承诺，全员参与，持续改进，强调自我约束、自我完善、自我激励。此后，这种管理思想逐渐被许多国际知名集团采纳，并发展成为通行的集健康、安全与环保为一体的管理模式。目前，它已与 ISO 9000 质量管理体系和 ISO 14001 环境管理体系成为国际市场准入的重要条件之一。

一、园林工程施工安全管理概述

园林施工项目安全控制是在项目施工的全过程中，运用科学管理的理论、方法，通过法规、技术、组织等手段进行的规范劳动者行为，控制劳动对象、劳动手段和施工环境条件，消除或减少不安全因素，使人、物、环境构成的施工生产体系达到最佳安全状态，实现项目安全目标等一系列活动的总称。

1. 安全生产控制的基本原则

（1）管生产必须管安全的原则。

（2）安全第一的原则。

（3）预防为主的原则。

（4）动态控制的原则。

（5）全面控制的原则。

（6）现场安全为重点的原则。

2．安全管理的内容

（1）建立安全生产制度。安全生产制度必须符合国家和地区的有关政策、法律法规、条例和规程，并结合园林施工项目的特点，明确各级、各类人员安全生产责任制，要求全体人员必须认真贯彻执行。

（2）贯彻安全技术管理。编制园林施工组织设计时，必须结合工程实际，编制切实可行的安全技术措施。要求全体人员必须认真贯彻执行。在执行过程中发现问题，应及时采取妥善的安全防护措施。要不断积累安全技术措施在执行过程中的技术资料，并对其进行研究分析，总结提高，以利于以后工程的借鉴。

（3）坚持安全教育和安全技术培训。组织全体园林施工人员认真学习国家、地方和本企业的安全生产责任制、安全技术规程、安全操作规程和劳动保护条例等。新工人进入岗位之前要进行安全教育，特种专业作业人员要进行专业安全技术培训，考核合格后方能上岗。要使全体职工经常保持高度的安全生产意识，牢固树立"安全第一"思想。

（4）组织安全检查。为了确保园林建设工程安全生产，必须要有监督监察。安全检查员要经常查看现场，及时排除施工中的不安全因素，纠正违章作业，监督安全技术措施的执行，不断改善劳动条件，防止工伤事故的发生。

（5）进行事故处理。园林施工中的人身伤亡和各种安全事故发生后，应立即进行调查，了解事故产生的原因、过程和后果，提出鉴定意见。在总结经验教训的基础上，有针对性地制定防止事放再次发生的可靠措施。

（6）强化安全生产指标。将安全生产指标，作为签订承包合同时一项重要考核指标。

3．安全管理的基本要求

（1）安全管理是要求全体职工参加的安全管理。

（2）安全管理范围是整个全过程。

（3）安全管理要求是全企业的安全管理。

综上所述，"全员""全过程""全企业"三个方面的安全管理，编织成纵横交错的安全管理网络，囊括企业全部安全管理工作的内容。

4．安全管理制度

为了贯彻执行安全生产的方针，必须建立健全安全管理制度。

（1）安全教育制度。为提高园林施工企业安全教育内容主要包括政治思想教育、劳动保护方针政策教育、安全技术规程和规章制度、安全生产技术知识教育、安全生产典型经验和事故教训等。

1）岗位教育。新工人、调换工作岗位的工人和生产实习人员，在上岗之前，必须进行岗位教育，其主要内容包括生产岗位的性质和责任、安全技术规程和规章制度、安全防护设施的性能和应用、个人防护用品的使用和保管等。通过学习，经考核合格后，方能上岗独立操作。

2）特殊工作工人的教育和训练。电气、焊接、起重、机械操作、车辆驾驶、大树伐移等特殊工种的工人，除接受一般性安全教育外，还必须进行专门的安全操作技术教育训练。

3）经常性安全教育。开展各种类型的安全活动，如安全月、安全技术交流会、研讨会、事故现场会、安全展览会等。

（2）安全生产责任制。建立健全各级安全生产责任制，明确规定各级领导人员、各专业人员在安全生产方面的职责，并认真严格执行，对发生的事故必须追究各级领导人员和各专业人员应负的责任。可根据具体情况，建立劳动保护机构，并配备相应的专职人员。

（3）安全技术措施计划。安全技术措施计划主要包括保证园林施工安全生产、改善劳动条件、防止伤亡事故、预防职业病等各项技术组织措施。

（4）安全检查制度。在施工生产中，为了及时发现事故隐患，堵塞事故漏洞，防患于未然，必须对安全生产进行监督检查。要结合季节特点，制定防洪、防雷电、防坍塌、防高处坠落等措施。遵循以自查为主，领导与群众相结合的检查原则，做到边查边改。

（5）伤亡事故管理。

1）认真执行伤亡事故报告制度。要及时、准确地对发生的伤亡事故进行调查、登记、统计和处理。事故原因分析应着重从生产、技术、设备、制度和管理等方面，并提出相应的改进措施，对严重失职、玩忽职守的负责人，应追究其刑事责任。

2）进行工伤事故统计分析。工伤事故统计分析一般包括以下内容。

①文字分析。通过事故调查，总结安全生产动态，提出主要存在问题及改进措施，采取定期报告形式送交领导和有关部门，作为开展安全教育的材料。

②数字统计。用具体数据概括地说明事故情况，便于进行分析比较。

③统计图表。用图表和数字表明事故情况变化规律和相互关系，通常采用线图、条图和百分圆图等。

④工伤事故档案是生产技术管理档案的内容之一，为进行事故分析、比较和考核，技术安全部门应将工伤事故明细登记表、年度事故分析资料、死亡、重伤和典型事故等汇总编入档案。

3）事故处理。当施工现场发生安全事故时，首先是排除险情，对受伤的人员组织抢救；同时，立即向有关部门报告事故情况，并保护好事故现场，通知事故当事人、目击者在现场等候处理；对重大事故必须组成调查组进行调查、了解，在弄清楚事故发生过程和原因、确定事故的性质和责任后，提出处理意见，同时处理善后事宜；最后，进行总结，从事故中吸取教训，找出规律性问题和管理中的薄弱环节，制定防止事故发生的安全措施，杜绝重大安全事故再次发生，并送报至上级主管部门。

（6）安全原始记录制度。安全原始记录是进行统计、总结经验、研究安全措施的依据，也是对安全工作的监督和检查，所以，要认真做好安全原始记录工作。安全原始记录主要有以下内容：安全教育记录；安全会议记录；安全组织状况；安全措施登记表；安全检查记录；安全事故调查、分析、处理记录；安全奖惩记录等。

（7）工程保险。复杂的大型园林施工项目，环境变化多，劳动条件较差，容易发生安全事故，所遇的风险较大，除采取各种技术和管理的安全措施外，还应参加工程保险，相关事宜应在合同中明确规定。

【特别提示】根据《中华人民共和国建筑法》第四十八条规定，鼓励企业为从事危险作业的职工办理意外伤害保险，支付保险费。建筑意外伤害保险是保护建筑业从业人员合法权益、转移企业事故风险、增强企业预防和控制事故能力、促进企业安全生产的重要手段。

二、园林工程施工安全管理体系文件的编制

园林工程施工安全管理体系文件的编制应建立施工安全组织保证体系，明确职责分工、管理范围和安全保证措施。施工项目各职能部门的安全生产责任如下。

1. 安全专职机构的职责

安全专职机构的职责主要是进行日常安全生产管理和监督检查工作，具体业务如下：

（1）贯彻劳动保护法规，开展安全生产宣传教育工作。

（2）研究解决施工中不安全因素，审查施工组织设计中的安全技术措施。

（3）参加安全事故调查分析，提出处理意见。

（4）制止违章作业，遇到有险情的情况有权暂停施工。

2. 消防专职机构的职责

（1）保证防火设备设施齐全、有效。

（2）消除火灾隐患。

（3）组织现场消防队的日常消防工作。

3. 施工生产、技术部门的安全生产职责

（1）严格遵照国家有关安全的法令、规程、制度、标准，编制施工方案及相应的安全技术措施；对新工艺、新设备要编制安全技术操作规程。

（2）认真贯彻施工组织设计中的安全技术措施计划或方案。

（3）加强施工现场平面布置图管理，建立安全生产、文明施工的良好生产秩序。

4. 材料部门的安全生产职责

（1）保证及时供应安全技术措施所需的材料、工具设备。

（2）保证新购的安全、劳保用品能符合安全技术和质量标准。

（3）定期检查各类脚手架和安全用具的质量。

5. 机械、动力部门的安全生产职责

（1）对机电设备、锅炉和压力容器要经常检查、维修、保养，使设备处于良好的技术状态。

（2）保证机电设备安全防护装置齐全、灵敏、可靠，安全运转。

（3）负责培训考核机械、动力设备操作人员。

6. 其他有关部门的安全生产职责

（1）财务部门要按国家规定提供安全技术措施费用，监督其合理使用，不将安全技术措施费挪作他用。

（2）教育部门要将安全教育纳入企业全员培训计划，做好各级有关部门的安全技术培训。

（3）卫生部门要确保工人生活基本条件，定期对职工进行健康检查，并定期检测尘毒作业点。

（4）劳资部门要配合有关部门保证进场施工人员的技术素质，并做好对新工人、换岗工人、特种工种工人的安全培训、考核、发证等工作，严格控制加班加点。

※ 知识链接 🌱

建筑安全管理主要法律法规

建筑安全管理相关法律法规主要包括《中华人民共和国安全生产法》《中华人民共和国建筑法》《建设工程安全管理生产条例》《建筑施工企业安全生产许可证管理规定》。

三、安全管理的方法和手段

1. 制度保证

企业安全管理法制化、规范化是一种趋势。企业只有遵循一定的工作制度，才能科学地规范安全管理和工作过程中的各种行为，实现工程施工过程的安全。因此，企业应该在国家有关安全生产法律、法规和标准、规范的指导下，建立起安全生产管理制度，以保证安全管理模式的正常运行。现有的安全生产管理制度，大致可以划分为岗位管理制度、措施管理制度、投入和供应管理制度、日常管理制度四类。

2. 技术保证

工程项目的施工过程是实现和利用工程技术的过程，技术保证对于企业安全管理模式的运作来说十分重要。按照各种技术间的层次互补关系，技术可以划分为安全可靠性技术、安全限控技术、安全保险与排险技术、安全保护技术四个方面，它们犹如

四道闸门，从技术上逐层对施工安全进行保证，若前一道闸门没把住，还有后一道闸门做保障，层层把关。

（1）安全可靠性技术。安全可靠性技术作为施工安全的第一道闸门，是指判断并确保建筑工程施工技术及其管理措施在工程施工的全过程中，对满足施工安全的要求均具有良好可靠性的技术，它是安全管理模式运作的技术保证的基础。安全可靠性技术的任务是研究施工技术和管理措施对满足生产安全可靠性的要求，即根据事故发生的内在规律，从研究如何发现和消除各种可能导致不安全状态或不安全行为产生的涉及因素，以及预防各种事故的发生入手，通过对安全设计的影响因素、编制依据、设计计算、实施规定及监控手段的全面性和有效性的判断，从设计上确保生产的安全。值得注意的是，安全可靠性要求从设计阶段就开始考虑施工安全问题。

（2）安全限控技术。安全限控技术是安全可靠性技术之后，对重要安全事项予以进一步确保的安全限制和检制技术。它是指在安全可靠性设计的基础上，对施工技术和管理措施中的重要环节、关键事项、使用要求及其他需要严格控制之处，进一步提出明确的限制和控制规定，以确保施工安全的技术。安全限控技术的任务是研究施工技术和管理措施中所确定的安全控制点，以具体明确的规定加以硬性限制和控制，并同时考虑安全可靠性设计中未涉及或考虑不足的安全控制事项，通过提出设计的安全控制指标、安全文明施工要求、安全作业规定及检验控制要求，在安全可靠性设计之后，成为施工安全的第二道闸门。

（3）安全保险与排险技术。安全保险与排险技术作为施工安全的第三道闸门，是在安全可靠性设计和限控规定的基础上，对有可能出现的突破设计条件和限控规定、其他意外情况及异常事态，相应及时采取自行启动保险装置和采取应急措施，以阻止异常情况发展、事故产生和伤害事故发生的技术。安全保险和排险技术的任务是研究施工技术和管理措施执行中有可能出现的危险事态，即事故开始启动的起因物（或诱因物）、致害物和危险状况，通过预先安排的保险制动装置的启动、附加保险措施的保障和应急处理措施的执行，最大限度地避免伤害的发生和降低其损害的程度。

（4）安全保护技术。安全保护技术作为施工安全的第四道闸门，它是在工程施工的全过程中，针对可能出现的各种职业的和意外的伤害，对施工现场人员的人身健康与安全、工程实体与施工设施的安全进行预防性保护的技术。安全保护技术的任务是研究如何对施工现场人员、工程实体与施工设施的安全进行有效的预防性保护，即通过建立保护制度、设置保护措施、使用劳保用品和提高职工安全素质等措施，做好自我保护等预防性工作，以保护施工现场人员的人身健康安全和财产安全。

3. 投入保证

投入是安全管理模式正常运行的重要保证，安全投入不足是当前困扰建设施工企业安全管理的突出问题。安全投入主要包括人力、物力和财力投入几个方面。

安全生产投入所需要的安全费用可以分为政策性费用和措施性费用，根据《建设工程安全生产管理条例》的规定，政策性费用已经纳入概预算定额，措施性费用则可以采用部分向建设单位申请与部分自筹相结合的办法解决。当建设单位纳入工程概算的安全费用不足时，施工单位可与建设单位另行协商解决。由于安全投入包括一次性消耗掉的和可以继续周转使用的两个部分，对可以周转使用的部分施工单位应当承担一部分的费用。施工单位应该加强从制度上保证安全投入的具体实施，从投入项目的适当性、投入数量的适合性及投入的经济性方面进行投入效果分析，以进一步做好今后的安全投入工作。

4．信息保证

信息保证主要包括信息收集和信息传递两个方面。信息收集包括相关的法律法规信息、标准规范信息、文件信息、管理信息、技术信息、安全施工状况信息及事故信息等，它们可以相应提供新的法律、法规、政策、标准与工作要求，先进的安全工作经验，新的安全技术发展和措施设计资料，企业和工程项目的安全工作状况及国内发生的施工安全事故，都具有重要的参考依据和参考作用，这是做好安全生产工作所不可或缺的基础性和资源性工作。在安全中介市场存在的情况下，相当一部分的信息可以直接通过中介组织获得，快捷又方便。信息传递主要是信息在企业内部的传递，一方面要把相关信息及时地传递到相关领导、职能部门那里，有关职能部门根据信息资料并结合企业自身安全管理实际，进行分析研究，及时送达各个工程项目、工作班组，以贯彻落实；另一方面各个工程项目、工作班组在接到这些信息后，结合工作实际及实践效果，及时地向有关职能部门反馈，以便有关职能部门进一步做好今后的信息处理工作。

工程项目安全管理是一个复杂的系统，不仅涉及多个参与主体，而且还涉及各种安全法律法规、标准规范等。及时地收集各种信息，理顺各种信息，加强不同参与主体之间及企业内部之间的信息沟通，对施工企业安全管理模式的正常运行来说，也是必不可少的。

※ 模块小结

本模块具体阐述了园林工程施工项目管理的基础知识、合同管理、成本控制与管理、进度管理、质量管理、施工安全管理。本模块的教学目标是使学生熟悉和掌握园林工程施工项目管理的内容和方法，初步具备园林工程施工项目管理的能力。

※ 实训练习

一、填空题

1．《建设工程施工合同（示范文本）》由_____、_____、_____组成。

2．园林工程施工项目管理的内容有_____、_____、_____、_____。

3．影响园林工程施工质量的因素有_____、_____、_____、_____、_____、_____。

二、名词解释

1. 施工成本控制
2. 园林工程施工合同
3. PDCA 循环法

三、简答题

1. 园林工程施工管理的特点有哪些？
2. 施工项目成本的主要形式有哪些？
3. 施工项目成本分析包括哪些内容？
4. 怎样进行施工项目成本考核？
5. 园林工程施工安全管理的内容是什么？
6. 简述施工项目进度控制的方法。

实训工作单一

班级		姓名		日期	
教学项目			园林工程施工管理		
学习项目	学习园林工程施工管理的内容及方法			学习资源	课本、课外资料

学习目标	查阅资料并结合本模块内容，掌握园林工程施工管理的内容
其他内容	

学习记录

评语

指导教师：

168

班级		姓名		日期	
教学项目		园林工程施工管理			
学习要求		1. 掌握园林工程施工项目合同管理、质量管理、进度管理、安全管理的基本内容。 2. 掌握园林工程施工合同的编制。 3. 掌握园林工程施工管理的措施			
相关知识		园林工程施工项目全过程管理措施			
其他内容		全面质量管理的程序			
学习记录					
评语					
指导教师：					

模块六 园林工程竣工验收与后期养护管理

在城市园林工程进行施工建设的过程中，要注重对工程施工现场的管理，不断提升园林工程的施工质量。园林建设项目的竣工验收是园林建设全过程的一个阶段，它是由投资成果转入为使用、对公众开放、服务于社会、产生效益的一个标志。此外，还要注重植物后期的养护管理，尤其是一些反季节移栽的花卉和苗木等，以此来全面提升移栽植物的成活率。植物的后期养护不仅可以确保植物能够更好地生长，而且在一定程度上提升着城市园林的整体美观性。相对于施工工期较短的工程建设阶段，植物的后期养护工作时间长、任务重，需要在该方面给予足够的重视。

知识目标

1. 了解园林工程竣工验收的意义。
2. 熟悉园林工程竣工验收的依据和标准。
3. 熟悉施工单位园林工程竣工验收的资料准备。
4. 掌握园林工程施工竣工验收管理。
5. 掌握隐蔽工程验收项目和内容。
6. 掌握园林工程后期养护管理的基本内容。

1. 能进行园林工程质量检验。
2. 能进行园林工程竣工验收。
3. 能进行园林工程回访的组织与安排。
4. 能进行园林工程养护、保修、保活期阶段管理。
5. 能够按照相关规范要求收集、整理、编制园林工程资料。

素质目标

1. 培养自主学习、与人合作探究的团队协作精神。
2. 具有良好的职业道德和职业素养。
3. 具有诚实守信、爱岗敬业、遵纪守法的职业精神。
4. 培养一丝不苟、精益求精的大国工匠精神。

单元一

园林建设工程项目竣工验收

【引　言】

　　当园林建设工程按照设计要求完成施工并可供开放使用时，承接施工单位就要向建设单位办理移交手续，这种交接工作就称为项目的竣工验收。因此，竣工验收既是对项目进行交接的必需手续，又是通过竣工验收对建设项目成果的工程质量（含设计与施工质量）、经济效益（含工期与投资金额等）等进行全面考核和评估。

园林绿化工程项目单位工程、分部工程、分项工程划分

　　竣工验收一般是在整个建设项目全部完成后进行一次集中验收，也可以分期分批地组织验收，即一些分期建设项目、分项工程

在建成后，只要相应的辅助设施能予以配套，并能够正常使用的，就可对其进行组织验收，以使其及早发挥投资效益。因此，凡是一个完整的园林建设项目，或是一个单位工程建成后达到正常使用条件的就应及时地组织竣工验收。

一、工程竣工验收的依据和标准

1. 竣工验收的依据

（1）上级主管部门审批的计划任务书、设计纲要、设计文件等。

（2）招标投标文件和工程合同。

（3）施工图纸和说明、设备技术说明书，图纸会审记录、设计变更签证和技术核定的。

（4）国家或行业颁布的现行施工技术验收规范及工程质量检验评定标准。

（5）有关施工记录及工程所用的材料、构件、设备质量合格文件及检验报告单。

（6）承接施工单位提供的有关质量保证等文件。

（7）国家颁发的有关竣工验收的文件。

（8）引进技术或进口成套设备的项目还应按照签订的合同和国外提供的设计文件等资料进行验收。

2. 竣工验收的标准

园林建设项目涉及多种门类、多种专业，且要求的标准也各异，有些在目前尚未形成国家统一的标准，因此，对工程项目或一个单位工程的竣工验收，可采用相应或相近工种的标准进行。

（1）土建工程的验收标准：凡园林工程、游憩、服务设施及娱乐设施应按照设计图纸、技术说明书，验收规范及建筑工程质量检验评定标准验收，并应符合合同所规定的工程内容及合格的工程质量标准。

> 【特别提示】无论是游憩性建筑，还是娱乐、生活设施建筑，不仅建筑物室内工程要全部完工，而且室外工程的明沟、踏步斜道、散水及应平整建筑物周围场地，清除障碍，并达到水通、电通、道路通等。

（2）安装工程的验收标准：按照设计要求的施工项目内容、技术质量要求及验收规范和质量验评标准的规定，完成规定工序的各道工序，且质量符合合格要求。

> 【特别提示】各项设备、电气、空调、仪表、通信等工程项目全部安装完毕，经过单机、联动无负荷试车，全部符合安装技术的质量要求，基本达到设计能力。

（3）绿化工程的验收标准：施工项目内容、技术质量要求及验收规范和质量应达到设计要求、验评标准的规定及各工序质量的合格要求。

【特别提示】树木的成活率，草坪铺设的质量，花坛的品种、纹样等均需要符合绿化工程的验收标准。

二、施工单位竣工验收资料准备

竣工验收前的准备工作，是竣工验收工作顺利进行的基础。承接的施工单位、建设单位、设计单位和监理工程师均应尽早做好准备工作，其中以承接施工单位和监理工程师的准备工作尤为重要。

园林工程资料归档
范围及组卷顺序

（一）承接施工单位的准备工作

1.工程档案资料的汇总整理

工程档案是园林建设工程的永久性技术资料，是园林施工项目进行竣工验收的主要依据。因此，工程档案资料的准备必须符合有关规定及规范的要求，必须做到准确、齐全，能够满足园林建设工程进行维修、改造和扩建的需要。一般包括以下内容。

（1）上级主管部门对该工程的有关技术决定文件。

（2）竣工工程项目一览表，包括竣工工程的名称、位置、面积、特点等。

（3）地质勘察资料。

（4）工程竣工图、工程设计变更记录、施工变更洽商记录、设计图纸会审记录等。

（5）永久性水准点位置坐标记录，建筑物、构筑物沉降观测记录。

（6）新工艺、新材料、新技术、新设备的试验、验收和鉴定记录。

（7）工程质量事故发生情况和处理记录。

（8）建筑物、构筑物、设备使用注意事项文件。

（9）竣工验收申请报告、工程竣工验收报告、工程竣工验收证明书、工程养护与保修证书等。

2.竣工自验

在项目经理的组织领导下，由生产、技术、质量、预算、合同和有关的工长或施工员组成的预验小组。根据国家或地区主管部门规定的竣工标准，施工图和设计要求、国家或地区规定的质量标准和要求，以及合同所规定的标准和要求，对竣工项目按分段、分层、分项逐一进行全面检查，预验小组成员按照自己所主管的内容进行自检，并做好记录，对不符合要求的部位和项目，要制定修补处理措施和标准，并限期修补好。施工单位在自检的基础上，对已检查出的问题全部修补处理完毕后，项目经理应报请上级再进行复检，为正式验收做好充分准备。

园林建设工程中的竣工检查主要有以下几个方面的内容：

（1）对园林建设用地内进行全面检查。

1）有无剩余的建筑材料。

2）有无残留渣土等。

3）有无尚未竣工的工程。

（2）对场区内外邻接道路进行全面检查。

1）道路有无损伤或被污染。

2）道路上有无剩余的建筑材料或渣土等。

（3）临时设施工程。

1）与设计图纸对照，确认现场已无残存物件。

2）与设计图纸对照，确认有已无残留草皮、树根。

3）向供电公司、通信公司、给水排水公司等有关单位，提交解除合同的申请。

（4）整地工程。

1）挖方、填方及残土处理作业。

①与设计图纸和工程照片等对照，检查地面是否达到设计要求。

②检查残土处理量有无异常，残土堆放地点是否按照规定进行了整地作业等。

2）种植地基土作业：对照设计图纸、工期照片、施工说明书，检查有无异常。

（5）管理设施工程。

1）雨水检查井、雨水进水口、污水检查井等设施。

①与设计图纸对照，有无异常。

②金属构件施工有无常异。

③管口施工有无异常。

④进水口底部施工有无异常及进水口是否有垃圾积存。

2）电气设备。

①和设计图纸对照，有无异常。

②线路供电电压是否符合当地供电标准，通电后运行设备是否正常。

③灯柱、电杆安装是否符合规程，有关部门认证的金属构件有无异常。

④各用电开关应能正常工作。

3）供水设备。

①与设计图纸对照有无异常。

②通水试验有无异常。

③供水设备应正常工作。

4）挡土墙作业。

①与设计图纸对照有无异常。

②试验材料有无损伤。

③砌法有无异常。

④接缝应符合规定，纵横接缝的外观质量有无异常。

（6）服务设施工程。

1）饮水作业。

①与设计图纸对照，有无异常。

②二次制品上有无污染。

③金属件有无污染。

④下水进水口内部和管口施工的质量有无问题。

2）服务性建筑。

①与设计图纸对照有无异常。

②内、外装修上有无污损。

③油漆工程有无污损。

④污水进水口等的内部施工有无异常。

⑤供电系统、电气照明方面有无异常。

⑥上下水系统有无异常。

（7）园路铺装。

1）水磨石混凝土铺装。

①应按设计图纸及规范施工。

②水磨石集料有无剥离。

③接缝及边角有无损伤。

④伸缩缝及铺装表面有无裂缝等异常。

2）块料铺装。

①应按施工设计图纸施工。

②接缝及边角有无损伤。

③块料与基础有无剥离、伸缩缝有无异常现象。

④与其他构筑物的接合部位有无异常。

3）台阶、路缘石施工。

①与设计图纸对照，有无异常。

②二次制品上有无污损。

③接缝等有无异常，与基础等有无剥离异常现象。

（8）运动设施工程。

1）与设计图纸对照，有无异常。

2）表面排水状况有无异常。

3）草坪播种有无遗漏。

4）表面施工是否良好，有无安全问题。

（9）休憩设施工程（棚架、长凳等）。

1）与设计图纸对照，是否符合要求。

2）工厂预制品有无污损。

3）油漆工程有无异常。

4）表面研磨质量等是否符合标准。

（10）游戏设施工程。

1）沙坑。

①与设计图纸对照，有无异常。

②沙内有无混杂异物。

2）游戏器具。

①与设计图纸对照，有无异常。

②游戏器具自身有无污损或异常。

③油漆质量状况如何。

④基础部分、木质部分、螺栓、螺母等有无安全问题。

（11）绿化工程（主要检查高、中树栽植作业，灌木栽植、移植工程，地被植物栽植等）。

1）与设计图纸对照，是否按设计要求施工。检查植株数量有无出入。

2）支柱是否牢靠，外观是否美观。

3）有无枯死的植株。

4）栽植地周围的整地状况是否良好。

5）草坪的栽植是否符合规定。

6）草和其他植物或设施的接合是否美观。

3．编制竣工图

竣工图是如实反映施工后园林建设工程情况的图纸。它是工程竣工验收的主要文件，园林施工项目在竣工前，应及时组织有关人员进行测定和绘制，以保证工程档案的完备和满足维修、管理养护，改造或扩建的需要。所以，竣工图必须做到准确、完整，并应符合长期归档保存的要求。

（1）竣工图编制的依据。施工中未变更的原施工图，设计变更通知书，工程联系单，施工变更洽商记录，施工放样资料，隐蔽工程记录和工程质量检查记录等原始资料。

（2）竣工图编制的内容要求。

1）施工过程中未发生设计变更，按图施工的施工项目，应由施工单位负责在原施工图纸上加盖"竣工图"标志，可作为竣工图使用。

2）施工过程中有一般性的设计变更，但没有较大结构性的或重要管线等方面的设计变更，而且可以在原施工图上进行修改和补充时，可不再绘制新图纸，由施工单位在原施工图纸上注明修改和补充后的实际情况，并附以设计变更通知书、设计变更记录和施工说明。然后加盖"竣工图"标志，也可作为竣工图使用。

3）施工过程中凡有重大变更或全部修改的，如结构形式改变、标高改变、平面布置改变等，不宜在原施工图上修改或补充时，应重新绘制实测改变后的竣工图，施工单位负责在新图上加盖"竣工图"标志,并附上记录和说明作为竣工图。

竣工图必须做到与竣工的工程实际情况完全吻合,无论是原施工图还是新绘制的竣工图,都必须是新图纸,必须保证绘制质量,完全符合技术档案的要求,坚持竣工图的核、校、审制度,重新绘制的竣工图,一定要经过施工单位主要技术负责人的审核签字。

4. 进行工程设施与设备的试运转和试验的准备工作

进行工程设施与设备的试运转和试验的准备工作一般包括安排各种设施、设备的试运转和考核计划;各种游乐设施尤其是关系到人身安全的设施,如缆车等安全运行应是试运行和试验的重点;编制各运转系统的操作规程;对各种设备、电气,仪表和设施做全面的检查与校验;进行电气工程的全负荷试验;管网工程的试水、试压试验;喷泉工程试水等。

【知识点思考6-1】工程档案资料进行分级管理,请思考由谁负责完成本单位工程档案资料的全过程组织工作和审核工作。

(二)监理工程师的准备工作

园林建设项目实行监理的监理工程师,应做好以下竣工验收的准备工作。

1. 编制竣工验收的工作计划

监理工程师是竣工验收的重要组织者,他首先应提交验收计划,计划内容分为竣工验收的准备、竣工验收、交接与收尾三个阶段的工作。每个阶段都应明确其时间、内容、标准的要求。该计划应事先征得建设单位,承接施工单位及设计等单位的一致意见。

2. 整理、汇集各种经济与技术资料

总监理工程师于项目正式验收前,应指示其所属的各专业监理工程师,按照原有的分工,对各自负责管理监督的项目的技术资料进行一次认真的清理。大型园林建设工程项目的施工期往往是1～2年或更长的时间,因此,必须借助以往收集积累的资料,为监理工程师在竣工验收中提供有益的数据和情况。其中,部分资料将用于对承接施工单位所编的竣工技术资料的复核、确认和办理合同责任、工程结算和工程移交。

3. 拟订竣工验收条件、验收依据和验收必备技术资料

拟订竣工验收条件、验收依据和验收必备技术资料是监理单位必须要做的又一重要准备工作。监理单位应将上述内容拟订好后分发给建设单位,承接施工单位、设计单位及现场的监理工程师。

(1)竣工验收的条件。

1)合同所规定的承包范围的各项工程内容均已完成。

2)各分部分项及单位工程均已由承接施工单位进行自检自验(隐蔽的工程已通

过验收），且都符合设计和国家施工验收规范及工程质量验评标准、合同条款的规定等。

3）电力、通信等管线等均与外线接通、连通试运行，并有相应的记录。

4）竣工图已按有关规定如实地绘制，验收的资料已备齐，竣工技术档案按档案部门的要求进行整理。

> 【特别提示】对于大型园林建设项目，为了尽快发挥园林建设成果的效益，也可分期、分批地组织验收，陆续交付使用。

（2）竣工验收的依据。列出竣工验收依据，并进行对照检查。

（3）竣工验收必备的技术资料。大中型园林建设工程进行正式验收时，往往是由验收委员会（或验收小组）来验收。而验收委员会（或验收小组）的成员经常要先审阅已进行中间验收或隐蔽工程验收等资料，以全面了解工程的建设情况。为此，监理工程师与承接施工单位主动配合验收委员会（或验收小组）的工作，对一些问题提出的质疑，应给予解答。需向验收委员会（或验收小组）提供的技术资料如下：

1）竣工图。

2）分项、分部工程检验评定的技术资料（如果是对一个完整的建设项目进行竣工验收，还应有单位工程的竣工验收技术资料）。

> 【特别提示】竣工验收的组织，对于一般园林建设工程项目，多由建设单位邀请设计单位、质量监督及上级主管部门组成验收小组进行验收。工程质量由当地工程质量监督站核定质量等级。

三、园林工程竣工验收管理

园林工程项目的竣工验收通常按以下程序进行。

（一）竣工项目的预验收

竣工项目的预验收，是在施工单位完成自检自验并认为符合正式验收条件，在申报工程验收之后和正式验收之前的这段时间内进行的。委托监理的园林工程项目由总监理工程师组织其所有各专业监理工程师来完成。竣工预验收要吸收建设单位、设计单位、质量监督人员参加，而施工单位也必须派人配合竣工验收工作。

由于竣工预验收的时间长，又多是各方面派出的专业技术人员，因此，对验收中发现的问题多在此时解决，为正式验收创造条件。为做好竣工预验收工作，总监理工程师要提出一个预验收方案，这个方案含预验收需要达到的目的和要求、预验收的重点、预验收的组织分工、预验收的主要方法和主要检测工具等，并向参加预验收的人员进行必要的培训，使其明确以上内容。

预验收工作大致可分为以下两大部分。

1. 竣工验收资料的审查

工程资料是园林建设工程项目竣工验收的重要依据之一。认真审查好技术资料，不仅是满足正式验收的需要，也是为工程档案资料的审查打下基础。

（1）技术资料主要审查的内容。

1）工程项目的开工报告。

2）工程项目的竣工报告。

3）图纸会审及设计交底记录。

4）设计变更通知单。

5）技术变更核定单。

6）工程质量事故调查和处理资料。

7）水准点位置、定位测量记录。

8）材料、设备、构件的质量合格证书。

9）试验、检验报告。

10）隐蔽工程记录。

11）施工日志。

12）竣工图。

13）质量检验评定资料。

14）工程竣工验收有关资料。

（2）技术资料审查方法。

1）审阅。边看边查，把有不当的及遗漏或错误的地方记录下来，然后对重点仔细审阅，做出正确判断，并与承接施工单位协商更正。

2）校对。监理工程师将自己日常监理过程中所积累的数据、资料，与施工单位提交的资料一一核对，凡是不一致的地方都记载下来，然后与承接施工单位商讨，如果仍然有不能确定的地方，再与当地质量监督站及设计单位来核定。

（3）验证。若出现几个方面资料不一致而难以确定时，可重新测量实物予以验证。

2. 工程竣工的预验收

园林工程的竣工预验收，在某种意义上说，它比正式验收更为重要。因为正式验收时间短促、不可能详细、全面地对工程项目一一查看，而主要依靠对工程项目的预验收来完成。因此，所有参加预验收的人员均要以高度的责任感，并在可能的检查范围内，对工程数量、质量进行全面的确认，特别对那些重要部位、易于遗忘检查的部位都应分别登记造册，作为预验收的成果资料，提供给正式验收中的验收委员会参考和承接施工单位进行整改。

预验收主要进行以下个几个方面的工作：

（1）组织与准备。参加预验收的监理工程师和其他人员，应按专业或区段分组，并指定负责人。验收检查前，先组织预验收人员熟悉有关验收资料，制定检查方案，并将检查项目的各子项目及重点检查部位以表或图列示出来。同时准备好工具、记录、表格，以供检查中使用。

（2）组织预验收。检查中，分成若干专业小组进行，按天定出各自工作范围，以提高效率并可避免相互干扰。园林建设工程的预验收，全面检查各分项工程检查方法有以下几种：

1）直观检查。直观检查是一种定性的、客观的检查方法，采用手摸眼看的方式，需要有丰富经验和掌握标准熟练的人员才能胜任此工作。

2）测量检查。对上述能实测实量的工程部位都应通过实测实量获得真实数据。

3）点数。对各种设施、器具、配件、栽植苗木都应一点数、查清、记录，如有遗缺不足的或质量不符合要求的，都应通知承接施工单位补齐或更换。

4）操作检查。实际操作是对功能和性能检查的好办法，对一些水电设备、游乐设施等应进行启动检查。

上述检查之后，各专业组长应向总监理工程师报告检查验收结果。如果查出的问题较多、较大，则应指令施工单位限期整改，并再次进行复验，如果存在的问题仅属一般性的，除通知承接施工单位抓紧整修外，总监理工程师即应编写预验报告一式三份：一份交施工单位供整改用；一份备正式验收时转交验收委员会；一份由监理单位自存。这份报告除文字论述外，还应附上全部预验收检查的数据。与此同时，总监理工程师应填写竣工验收申请报告送项目建设单位。

（二）正式竣工验收

正式竣工验收是指由国家、地方政府、建设单位及单位领导和专家参加的最终整体验收。大中型园林建设项目的正式验收，一般由竣工验收委员会（或验收小组）的主任（组长）主持，具体的事务性工作可由总监理工程师来组织实施。正式竣工验收的工作程序如下。

1．准备工作

（1）向各验收委员会单位发出请柬，并书面通知设计、施工及质量监督等有关单位。

（2）拟订竣工验收的工作议程，报验收委员会主任审定。

（3）选定会议地点。

（4）准备发一套完整的竣工和验收的报告及有关技术资料。

2．正式竣工验收程序

（1）验收委员会主任主持验收委员会会议。会议首先宣布验收委员名单，介绍验收工作议程及时间安排，简要介绍工程概况，说明此次竣工验收工作的目的、要求及做法。

（2）由设计单位汇报设计的实施情况及对设计的自检情况。

（3）由承接施工单位汇报施工情况及自检自验的结果情况。

（4）由监理工程师汇报工程监理的工作情况和预验收结果。

（5）在实施验收中，验收人员或先后对竣工验收技术资料及工程实物进行验收检查；也可分成两组，分别对竣工验收的技术资料及工程实物进行验收检查。在检查中可吸收监理单位、设计单位、质量监督人员参加。在广泛听取意见、认真讨论的基础上，统一提出竣工验收的结论意见，如无异议意见，则予以办理竣工验收证书和工程验收鉴定书。

（6）验收委员会主任或副主任宣布验收委员会的验收意见，举行竣工验收证书和鉴定书的签字仪式。

（7）建设单位代表发言。

（8）验收委员会会议结束。

（三）工程质量验收方法

园林建设工程质量的验收是按工程合同规定的质量等级，遵循现行的质量评定标准，采用相应的手段对工程分阶段进行质量认可与评定。

1. 隐蔽工程验收

隐蔽工程是指那些施工过程中上一道工序的工作结束，被下一道工序所掩盖，而无法进行复查的部位。如种植坑、直埋电缆等管网。因此，对这些工程在下一道工序施工以前，现场监理人员应按照设计要求、施工规范，选取必要的检查工具，对其进行检查验收。如果符合设计要求及施工规范规定，应及时签署隐蔽工程记录交承接施工单位归入技术资料；如不符合有关规定，应以书面形式告诉施工单位，令其处理，处理符合要求后再进行隐蔽工程的验收与签证。

隐蔽工程验收通常是结合质量控制中技术复核、质量检查工作来进行，重要部位改变时可摄影以备查考。

隐蔽工程验收项目和内容见表6-1。

表6-1 隐蔽工程验收项目和内容

项目	验收内容
基础工程	地质、土质、标高、断面、桩的位置数量、地基、垫层等
混凝土工程	钢筋的品种、规格、数量、位置、开头焊缝接头位置、预埋件数量与位置以及材料代用等
防水工程	屋面、水池、水下结构防水层数、防水处理措施等
绿化工程	土球苗木的土球规格、裸根苗的根系状况；种植穴规格；施基肥的数量；种植土的处理等
其他	管线工程、完工后无法进行检查的工程等

2．分项工程验收

对于重要的分项工程，监理工程师应按照合同的质量要求，根据该分项工程施工的实际情况，参照质量评定标准进行验收。

在分项工程验收中，必须按有关验收规范选择检查点数，然后计算出基本项目和允许偏差项目的合格或优良的百分比，最后确定出该分项工程的质量等级，从而确定能否验收。

3．分部工程验收

根据分项工程质量验收结论，参照分部工程质量标准，可得出该分部工程的质量等级，以便决定可否验收。

4．单位工程竣工验收

通过对分项、分部工程质量等级的统计推断，再结合对质保资料的核查和单位工程质量观感评分，便可系统地对整个单位工程做出全面的综合评定，从而评定是否达到合同所要求的质量等级，进而决定能否验收。

5．园林建设施工竣工结算与决算

（1）工程竣工结算。工程竣工结算是指单项工程完成并达到验收标准，取得竣工验收合格签证后，园林施工企业与建设单位（业主）办理的工程财务结算。

单项工程竣工验收后，由园林施工企业及时整理交工技术资料。主要工程应绘制竣工图和编制竣工结算，以及施工合同、补充协议、设计变更洽商等资料，送建设单位审查，经承发包双方达成一致意见后办理结算。但属于中央和地方财政投资的园林建设工程的结算，需经财政主管部门委托的专业银行或中介机构审查，有的工程还需经过审计部门审计。

（2）工程竣工结算编制依据。工程竣工结算的编制是一项政策性较强，反映技术、经济综合能力的工作，既要做到正确地反映工人创造的工程价值，又要正确地贯彻执行国家有关部门的各项规定，因此，编制工程竣工结算必须提供以下依据：

1）工程竣工报告及工程竣工验收单。

2）招标、投标文件和施工图概（预）算及经住房城乡建设主管部门审查的建设工程施工合同书。

3）设计变更通知单和施工现场工程变更洽商记录。

4）按照有关部门规定及合同中有关条文规定，持凭据进行结算的原始凭证。

5）本地区现行的概（预）算定额，材料预算价格、费用定额及有关文件规定。

6）其他有关技术资料。

（3）工程竣工结算方式。

1）决标或议标后的合同价加签证结算方式。

①合同价经过建设单位、园林施工企业、招标投标主管部门对标底和投标报价进行综合评定后确定的中标价，以合同的形式固定下来。

②变更增减账等对合同中未包括的条款或出现的一些不可预见的费用等，在施工

过程中，由于工程变更所增、减的费用，经建设单位或监理工程师签证后，与原中标合同价一起结算。

2）施工图概（预）算加签证结算方式。

①施工图概（预）算这种结算方式一般是小型园林建设工程，以经建设单位审定后的施工图概（预）算作为工程竣工结算的依据。

②变更增减账等凡施工图概（预）算未包括的，在施工过程中工程变更所增减的费用，各种材料（构配件）预算价格与实际价的差价等，经建设单位或监理工程师签证后，与审定的施工图预算一起在竣工结算中进行调整。

3）预算包干结算方式。预算包干结算也称施工图预算加系数包干结算。

结算工程造价＝经施工单位审定后的施工图预算造价×（1+包干系数）

在签订合同条款时，预算外包干系数要明确包干内容及范围。包干费通常不包括下列费用：

①在原施工图外增加的建设面积。

②工程结构设计变更、标准提高，非施工原因的工艺流程的改变等。

③隐蔽性工程的基础加固处理。

④非人为因素所造成的损失。

4）平方米造价包干的结算方式。它是双方根据一定的工程资料，以事先协商好的每平方米造价乘以建设面积。

结算工程造价＝建设面积×每平方米造价

此种方式适用广场铺装、草坪铺设等。

（4）工程结算的编制方法。工程竣工结算的编制，因承包方式的不同而有所差异。其结算方法均应根据各省、市建设工程造价（定额）管理部门、当地园林管理部门和施工合同管理部门的有关规定办理工程结算，下面介绍几种不同承包方式在办理结算中一般发生的内容：

1）采用招标方式承包工程这种工程结算原则上应以中标价（议标价）为基础进行，如遇工程有较大设计变更、材料价格的调整、合同条款规定允许调整的，或当合同条文规定不允许调整但非施工企业原因发生中标价格以外的费用时，承发包双方应签订补充合同或协议，承包方可以向发包方提出工程索赔，作为结算调整的依据。园林施工企业在编制竣工结算时，应按本地区主管部门的规定，在中标价格基础上进行调整。

采用招标（或议标）方式承包工程的结算方法是普遍常用的方法。

2）以原施工图概（预）算为基础，对施工中发生的设计变更、原概（预）算与实际不符合、经济政策的变化等，编制变更增减账，即在施工图概（预）算的基础上做增减调整。

工程量差是指施工图概（预）算所列分项工程量与实际完成的分项工程量不相符而需要增加或减少的工程量，一般包括以下内容：

①设计变更。工程开工后，建设单位提出要求改变某些施工做法，如树种的变更，草种及草坪面积的变更，假山、置石外形及质地的变更，增减某些具体工程项目等。

设计单位对原施工图的完善，如有些部位相互衔接而发生量的变化。

施工单位在施工过程中遇到一些原设计中不可预见的情况，如挖基础时遇到的古墓、废井等。

设计变更经设计、建设单位（或监理单位）、施工企业三方研究、签证、填写设计变更洽商记录，作为结算增减工程量的依据。

②工程施工中发生特殊原因与正常施工不同。对特殊做法，施工企业编报施工组织设计，经建设（或监理）单位同意、签认后，作为工程结算的依据。

③施工图概（预）算分项工程量不准确。在编制工程竣工结算前，应结合工程竣工验收，核对实际完成的分项工程量。如发现与施工图概（预）算书所列分项工程量不符时，应进行调整。

3）各种人工、材料、机械价格的调整在园林建设工程结算中，人工、材料、机械费差价的调整办法及范围，应按当地主管部门的规定办理。

①人工单价调整。在施工过程中，国家对工人工资政策性调整或劳务市场工资单价变化，一般按文件公布执行之日起的未完施工部分的定额工日数计算，有 3 种方法进行调整：一是按概（预）算定额分析的人工工日乘以人工单价的差价；二是按概（预）算定额分析的人工费乘以系数；三是以概（预）算定额编制的直接费为基数乘以主管部门公布的季度或年度的综合系数一次调整。

②材料价格的调整。概（预）算定额中材料的基价表示一定时限的价格（静态价），在施工过程中，价格在不断地变化，对于市场不同施工期的材料价格与定额基价的差价与其相应的材料量进行调整。

调整的方法有两种。一是对于主要材料，分规格、品种以定额的分析量为准，定额量乘以材料单价差即为主要材料的差价。市场价格以当地主管部门公布的指导价或中准价为准。对于辅助（次要）材料，以概（预）算定额编制的直接费乘以当地主管部门公布的调价系数。二是造价管理部门根据市场价格变化情况，将单位工程的工期与价格调整结合起来，测定综合系数，并以直接费为基数乘以综合系数。该系数一个单位工程只能使用一次，使用的时间为国家或地方制定的《工期定额》计算工程竣工期。

③机械价格的调整。一是采用机械增减幅度系数。一般机械价格的调整是按概（预）算定额编制的直接费乘以规定的机械调整综合系数，或以概（预）算定额编制的分部工程直接费乘以相应规定的机械调整系数。二是采用综合调整系数。根据机械费增减总价，由主管部门测算，按季度或年度公布综合调整系数，一次进行调整。

④各项费用的调整间接费、计划利润及税金是以直接费（或定额人工费总额）为基数计取的。随着人工费、材料费和机械费的调整，间接费、计划利润及税金也同样

在变化，除间接费的内容发生较大变化外，一般间接费的费率不做变动。

a.各种人工、材料、机械价格调整后在计取间接费、计划利润和税金方面有两种方法。

b.各种人工、材料等差价，不计算间接费和计划利润，但允许计取税金。

c.将人工、材料、机械的差价列入工程成本计取间接费、计划利润及税金。

4）采用施工图概（预）算加包干系数和平方米造价包干的方式。此方式的工程结算，一般在承包合同中已分清了承发包单位之间的义务和经济责任，不再办理施工过程中所承包范围内的经济洽商，在工程结算时不再办理增减调整。工程竣工后，仍以原概（预）算加包干系数或平方米造价包干进行结算。

对于上述的承包方式，必须对工程施工期内各种价格变化进行预测。获得一个综合系数，即风险系数。这种做法对承包方或发包方均具有很大的风险性，一般只适用建筑面积小、施工项目单一、工期短的园林建设工程；对工期较长、施工项目复杂、材料品种多的园林建设工程不宜采用这种方式承包。

园林建设工程竣工结算书的格式，可结合各地区当地情况和需要自行设计计算表格，供结算使用。表6-2和表6-3可供参考。

表6-2　绿化、土建工程结算费用计算程序

序号	费用项目	计算公式	金额
1	原概（预）算直接费	原概（预）算中的人工费＋材料费＋机械费＋主材和设备费	
2	历次增减变更直接费	历次增减变更的人工费＋材料费＋机械费＋主材和设备费	
3	调价金额	［（1）＋（2）］×调价系数	
4	工程直接费	（1）＋（2）＋（3）	
5	企业经营费	（4）×相应工程类别费率	
6	利润	（4）×相应工程类别费率	
7	税金	（4）×相应工程类别费率	
8	工程造价	（4）＋（5）＋（6）＋（7）	

表6-3　水、覆、电等工程结算费用计算程序

序号	费用项目	计算公式	金额
1	原概（预）算直接费	原概（预）算中的人工费＋材料费＋机械费＋主材和设备费	
2	历次增减变更直接费	历次增减变更的人工费＋材料费＋机械费＋主材和设备费	

序号	费用项目	计算公式	金额
3	其中 定额人工费	（1）、（2）两项所含	
4	其中 设备费	（1）、（2）两项所含	
5	其他直接费	（3）×费率	
6	调价金额	［（1）+（2）+（5）］×调价系数	
7	工程直接费	（1）+（2）+（5）+（6）	
8	企业经营费	（3）×相应工程类别费率	
9	利润	（3）×相应工程类别费率	
10	税金	［（7）+（8）+（9）］×税率	
11	设备费价差（±）	（实际供应价－原设备费）×（1+税率）	
12	工程造价	（7）+（8）+（9）+（10）+（11）	

5）工程索赔。所谓工程索赔是指由于建设单位直接或间接的原因，使承包者在完成工程中增加了额外的费用，承包者通过合法的途径和程序要求建设单位偿还他在施工中所遭受的损失。工程索赔的内容包括如下：

①因工程变更而引起的索赔。如地质条件变化、工程施工中发现地下构筑物或文物、增加和删减工程量等。

②材料价差的索赔。

③因工程质量要求的变更而引起的索赔。如工程承包合同中的技术规范与建设单位要求不符。

④工程款结算中建设单位不合理扣款而引起费用损失的索赔。

⑤拖欠工程进度款、利息的索赔。

⑥工程暂停、中止合同的索赔。

⑦因非承包者的原因造成的工期延误损失的索赔。

索赔是国际各类建设工程承包中经常发生并且随处可见的正常现象。在承包合同中都有索赔的条款。在我国索赔刚刚起步，而在园林部门更为鲜见，故还需要在实践中加以总结，使承包者能够利用工程索赔手段来维护自身的利益。

（5）工程竣工决算。

1）园林建设项目的工程竣工决算是在建设项目或单项工程完工后，由建设单位财务及有关部门，以竣工结算、前期工程费用等资料为基础进行编制。竣工决算全面反映了建设项目或单项工程从筹建到竣工使用全过程中各项资金的使用情况和设计概

（预）算执行的结果，它是考核建设成本的重要依据。

2）园林建设工程竣工决算内容见表6-4。

表6-4　园林建设工程竣工决算内容

表现形式	内容
文字说明	①工程概况； ②设计概算和建设项目设计的执行情况； ③各项技术经济指标完成情况及各项资金使用情况； ④建设工期、建设成本、投资效果等
竣工工程概况表	将设计概算的主要指标与实际完成的各项主要指标进行对比，可用表格的形式表现
竣工财务决算表	表格形式反映出资金来源与资金使用情况
交付使用财产明细表	交付使用的园林项目中固定资产的详细内容，不同类型的固定资产，应相应设计不同形式的表格表示。例如，园林建筑等可用交付使用财产、结构、工程量（包括设计、实际）概算（实际的建筑投资、其他基建投资）等项来表示； 　　设备安装可用交付使用财产名称、规格型号、数量、概算、实际设备投资、基建投资等项来表示

3）施工企业的竣工决算。园林施工企业的竣工决算，是企业内部对竣工的单位工程进行实际成本分析，反映其经济效果的一项决算工作。它以单位工程的竣工结算为依据，核算其预算成本、实际成本和成本降低额，并编制单位工程竣工成本决算表，以总结经验，提高企业经营管理水平。

实际监理工程的监理工程师要督促承接施工单位编制工程结算书、依据有关资料审查竣工结算并代建设单位编制竣工决算。

※ 案例实训 6-1 🌿

美乐广场小区二期绿化工程，全部工程面积约为150亩（1亩≈666.66 m²），其中包括中心人工湖、涌泉、跌水、中心花园、广场、桥廊、停车场等。工程包括园林建筑工程、园林绿化苗木种植工程、照明系统工程、给水排水工程等，中心人工湖总面积约为2 900 m²，绿化种植乔木约300株，片植灌木30余 m²，铺设草坪9 000多 m²；管道安装约1 000 m，工程造价为630万元，总工期为150 d。开工日期为2021年2月1日，该项目由四川省久安建筑工程有限公司施工，开发商为成都天乔置业有限公司，委托成都统建建设工程管理有限责任公司实行监督管理。

根据该工程概况编制《园林绿化工程竣工验收报告》（表6-5）。

表 6-5　园林绿化工程竣工验收报告

工程项目名称	
建设单位名称	
监理单位名称	
施工单位名称	
工程开工日期		竣工日期	
工程造价	

工程概况：

竣工验收内容：

验收情况及结论：

项目负责人：

建设单位（公章）
年　　月　　日

项目负责人：

设计单位（公章）
年　　月　　日

项目负责人：

监理单位（公章）
年　　月　　日

项目负责人：

施工单位（公章）
年　　月　　日

项目负责人：

质量监督单位（公章）
年　　月　　日

园林工程后期养护管理

【引 言】

园林工程项目交付使用后，在一定期限内施工单位应到建设单位进行回访，对该项工程实行养护管理和维修。对由于施工责任造成的使用问题，应由施工单位负责处理，直至达到能正常使用为止。

回访、养护及维修体现了承包者对工程项目负责的态度和优质服务的作风，并在回访、养护及保修的同时，进一步发现施工中的薄弱环节，以便总结经验、提高施工技术和质量管理水平。

一、园林工程的回访

（一）回访的组织与安排

在项目经理领导下，由生产、技术、质量及有关方面人员组成回访小组，必要时，邀请科研人员参加。回访时，由建设单位组织座谈会或听取会，听取各方面的使用意见，认真记录存在的问题，并查看现场，落实情况，写出回访记录或回访纪要。通常采用以下3种方式进行回访。

1. 季节性回访

季节性回访一般是雨期回访屋面、墙面的防水情况，自然地面、铺装地面的排水组织情况，植物的生长情况；冬期回访植物材料的防寒措施搭建效果，池壁驳岸工程有无冻裂现象等。

2. 技术性回访

技术性回访主要了解园林施工中所采用的新材料、新技术、新工艺、新设备的技术性能和使用后的效果；新引进的植物材料的生长状况等。

3. 保修期满前的回访

保修期满前的回访主要是保修期将结束，提醒建设单位注意各工程的维护、使用和管理，并对遗留问题进行处理。

（一）养护、保修、保活期阶段的管理

实行监理工程的监理工程师在养护、保修期内的监理内容：主要检查工程状况、鉴定质量责任、督促和监督养护、保修工作。

养护、保修期内监理工作的依据是建设相关律法规、有关合同条款（工程承包合同及承包施工单位提供的养护、保修证书）。例如有些非标施工项目，则可以签订合同的方法与承接单位协商解决。

（二）保修、保活期内的监理方法

1. 工程状况的检查

（1）定期检查。当园林建设项目投入使用后，开始时每旬或每月检查 1 次，如 3 个月后未发现异常情况，则可每 3 个月检查 1 次，如有异常情况出现时则缩短检查的间隔时间。当经受暴雨、台风、地震、严寒后，监理工程师应及时赶赴现场进行观察和检查。

（2）检查的方法。检查的方法有访问调查法、目测观察法、仪器测量法。每次检查无论使用什么方法都要详细记录。

（3）检查的重点。园林建设工程状况检查的重点应是主要建筑物、构筑物的结构质量，水池、假山等工程是否有不安全因素出现。在检查中要对结构的一些重要部位、构件重点观察检查，对已进行加固的部位更要进行重点观察检查。

2. 养护、保修、保活工作的内容

养护、保修、保活工作主要内容是对质量缺陷的处理，以保证新建园林项目能以最佳状态面向社会，发挥其社会、环保及经济效益。监理工程师的责任是督促完成养护、保修的项目，确认养护、保修质量。各类质量缺陷的处理方案，一般由责任方提出、监理工程师审定执行。如责任方为建设单位，则由监理工程师代拟，征求实施的单位同意后执行。

3. 养护、保修、保活工作的结束

监理单位的养护、保修、保活责任一般为 1 年，在结束养护、保修期时，监理单位应做好以下工作：

（1）将养护、保修、保活期内发生的质量缺陷的所有技术资料归类整理。

（2）将所有期满的合同书及养护、保修书归整之后交还给建设单位。

（3）协助建设单位办理养护、维修费用的结算工作。

（4）召集建设单位、设计单位、承接施工单位联席会议，宣布养护、保修期结束。

（三）保修、保活的范围、时间及经济责任

1. 保修、保活范围

一般来说，凡是园林施工单位的责任或者由于施工质量不良而造成的问题，都应该实行保修、保活。

2. 养护、保修、保活时间

自竣工验收完毕次日起，绿化工程一般为 1 年，由于竣工当时不一定能看出栽植的植物材料的成活，需要经过一个完整的生长期的考验，因而 1 年是最短的期限。

土建工程和水、电、卫生、通风等工程，一般保修期为 1 年，采暖工程为一个采暖期。保修期长短也可依据承包合同为准。

3. 经济责任

园林工程一般比较复杂，修理项目往往由多种原因造成，所以，经济责任必须根据修理项目的性质、内容和修理原因诸多因素，由建设单位、施工单位和监理工程师共同协商处理。经济责任一般可分为以下几种：

（1）养护、修理项目确实由于施工单位施工责任或施工质量不良遗留的隐患，应由施工单位承担全部检修费用。

（2）养护、修理项目是由建设单位和施工单位双方的责任造成的，双方应实事求是地共同商定各自承担的修理费用。

（3）养护、修理项目是由于建设单位的设备、材料、成品、半成品等的不良原因造成的，应由建设单位承担全部修理费用。

（4）养护、修理项目是由于用户管理使用不当，造成建筑物、构筑物等功能不良或苗木损伤死亡时，应由建设单位承担全部修理费用。

【知识点思考 6-2】园林绿化工程已完成，进入两年养护期阶段，请思考养护期阶段项目经理部投标是否属于在建项目。

※ **案例实训 6-2**

园林建设工程的主要技术资料是工程档案的重要部分。因此，在正式验收时，应该提供完整的工程技术档案，请思考园林工程竣工验收的技术资料（图 6-1）有哪些，并填入表 6-6 中。

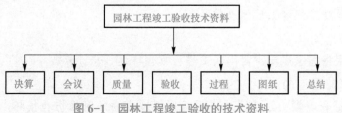

图 6-1 园林工程竣工验收的技术资料

表 6-6　园林工程技术资料

工程阶段	资料内容
项目准备及施工准备	1. 申请报告，批准文件。 2. 有关建设项目的决议、批示及会议记录。 3. 可行性研究，方案论证资料。 4. 征用土地拆迁、补偿等文件。 5. 工程地质（含水文、气象）勘察报告。 6. 概（预）算。 7. 承包合同、协议书、招标投标文件。 8. 企业执照及规划、园林、消防、环保、劳动等部门审核文件
项目施工	1. 开工报告。 2. 工程测量定位记录。 3. 图纸会审、技术交底。 4. 施工组织设计等。 5. 基础处理、基础工程施工文件；隐蔽工程验收记录。 6. 施工成本管理的有关资料。 7. 工程变更通知单，技术核定单及材料代用单。 8. 建筑材料、构件、设备质量保证单及进场试验记录。 9. 栽植的植物材料名录，栽植地点及数量清单。 10. 各类植物材料的已采取的养护措施及方法。 11. 假山等非标工程的养护措施及方法。 12. 古树名木的栽植地点、数量、已采取的保护措施等。 13. 水、电、暖气等管线及设备安装施工记录和检验记录。 14. 工程质量事故的调查报告及所采取处理措施的记录。 15. 分项、单项工程质量评定记录。 16. 项目工程质量检验评定及当地工程质量监督站核定的记录。 17. 其他（如施工日志）。 18. 竣工验收申请报告
竣工验收	

※ 任务拓展

景观工程竣工后的养护服务项目

某住宅区景观工程竣工后的养护服务。

1. 质量保修期

保修期限根据国家规定，时间从工程验收合格之日起计算。

2. 质量保修期间的服务

（1）在维修保养期内，由于本身质量原因造成的任何损伤和损坏，我公司将免费负责修理或更换。

（2）在修理或更换之后，我公司将损坏原因、补救措施、完成修理情况等，以书面形式提交业主。

（3）在保修期内我公司将指派专人，定期对本工程各分部、分项进行质量检查，对于在质量检查中所发现的问题及时予以整改。

（4）在本工程质量保修期间，我公司还将定期对业主进行质量回访。对于业主反馈的工程质量问题，我公司将组织技术、质量、工程部门进行查访，及时编制整改方案，并选择专业修理队伍进行修理。

（5）在保修期内，除对有缺陷的部位进行修理与更换外，承担一切由此而引起对业主或第三者的直接损失，除非该缺陷是由于人为破坏或不可抗力因素造成的损坏。

（6）我公司将对工程一切所需的保证全权负责，其责任并不因材料生产商提供的保证书而减轻。

3. 对成品和半成品的保护管理措施

（1）为防止发生互相污染破坏，须制定并执行正确的施工程序，制定每一施工区域的施工工序流程，协调土建、水、电、风、消防等各专业工序，排出单个房间单元的工序流程图，各专业工序均按此流程进行施工，严禁违反施工程序的做法。

（2）在施工过程中对易污染、易损坏的成品、半成品要标识"正在施工，注意保护"的标牌。

（3）施工人员要认真遵守现场成品保护制度，注意保护现场的装修成品、设备及各种设施。

（4）对成品有意损坏的要给予处罚。

（5）各专业施工遇有交叉现象发生，不得擅自拆改，需由设计、甲方及有关部门协商解决。

（6）加强警卫值班，防止材料、工具被盗。

（7）加强文明施工管理，对职工进行交底，提高职工产品保护意识。

4. 对成品及设备部件的保护管理措施

（1）保护管理采用"护""包""盖""封"等保护措施，对成品、半成品进行防护，并由各分包落实专人巡视检查，发现有保护措施损坏的要及时恢复。

（2）成品保护对本工种成品、半成品制定保护措施，同时，也要注意保护他人的成品，具体落实到人，措施落实到物。

（3）设备保管在现场为专业安装提供必要的保管仓库，防止材料、工具等丢失。搭设防雨棚，做到不淋雨、不受潮、不被碰撞，零部件不被拆盗，设备移动要经过责任人员同意，使设备处于完整无损状态。

（4）其他控制。

1）装修阶段用水、用电及接水、接电要有控制，不能超荷。污水排放要有组织、有控制地进行，避免污水污染施工成品。

2）视不同阶段、不同产品、不同部位的保护要求，指导施工管理人员加强产品保护，确保产品的最后质量。

3）产品保护措施包括对上道工序产品的保护措施和对自身产品的保护措施。

5．工程竣工档案资料的收集整理的管理措施

本工程的资料收集整理是工程管理的重要内容。

（1）针对本工程竣工档案资料，采取的措施：做好甲方、设计单位有关文件的收到和发放登记工作，并保留原件1套存档。

（2）根据工程进度和施工情况，联系有关部门收集下列有关原始资料（原件）。

1）与技术部联系，收集施工技术文件资料。

2）与材料部联系，收集施工材料质量保证文件。

3）与工程部联系，收集施工管理文件。

4）与技术部联系，收集设计变更依据性文件。

（3）所有资料必须符合规定要求，内容齐全。

（4）根据建设单位需要，随时拍摄工程有关的照片和录像。

施工过程后，根据竣工资料收集整理办法，做好归档、整理。施工中、施工后阶段穿插编制工程竣工文件，包括工程竣工报告、工程决算和全套竣工图。在工程竣工验收前，业主移交一套经监理工程师审核认可的完整的档案资料，其余部分在竣工验收后30 d内移交，并密切配合甲方及有关部门做好竣工资料的验收和交付工作。

【特别提示】该住宅区景观工程竣工后的养护服务的编制从质量保修期间的服务、对成品与半成品的保护管理措施、对成品及设备部件的保护管理措施、工程竣工档案资料的收集整理的管理措施四方面进行阐述，内容详尽。不足之处在于对质量保修期的介绍不够细致、明确；对植物材料的养护介绍不够细致，但总体来说还是一篇不错的养护服务计划。

【知识点思考6-3】学生分小组讨论，该住宅区景观工程的养护服务应该如何进行人员安排、有哪些养护措施、防寒养护技术措施、防汛技术措施、高温季节的养护技术措施、抗旱防涝养护技术措施等。

※ 模块小结

本模块通过园林工程竣工验收标准和依据、施工单位竣工验收资料准备、园林工程施工竣工验收管理，介绍了园林建设工程项目竣工验收的相关内容；通过园林工程的回访、养护、保修、保活，介绍了园林工程后期养护管理的相关内容。要求学生通过学习具备园林工程竣工验收的能力及后期养护管理的相关能力。

一、选择题

1. 由国家、地方政府、建设单位及单位领导和专家参加的最终整体验收称为（   ）。

    A. 施工自验   B. 竣工项目的预验收

    C. 正式竣工验收   D. 结算验收

2. 竣工验收合格后，施工单位对一些漏项和工程缺陷进行修补，拆除临时设施，撤出施工场地，将工程移交给甲方，称为（   ）。

    A. 工程养护管理   B. 工程验收

    C. 工程移交   D. 工程投产

3. 园林工程资料验收主要包括（   ）等资料的验收。

    A. 工程技术资料   B. 工程综合资料

    C. 工程财务资料   D. 工程信息资料

    E. 工程养护资料

4. 园林工程回访的方式主要包括（   ）等。

    A. 施工期间回访   B. 季节性回访

    C. 技术性回访   D. 保修期满前的回访

    E. 绿化工程的日常管理养护

二、简答题

1. 简述园林工程竣工验收的作用。

2. 园林工程竣工验收的依据主要有哪些？

3. 简述园林工程的工程资料验收内容。

4. 简述园林工程验收的条件。

5. 简述园林工程竣工验收的主要检查内容。

6. 怎样理解园林工程的施工自验？

7. 简述编制园林工程竣工图的依据。

8. 简述园林工程竣工图编制的内容要求。

9. 园林工程监理竣工验收的工作计划分为哪几个阶段？

10. 简述园林工程竣工项目的预验收。

11. 简述养护阶段监理工程师的主要工作。

12. 简述园林工程保修、保活期内的监理方法。

班级		姓名		日期	
教学项目			园林工程竣工验收与后期养护管理		
学习项目	1. 了解竣工验收要求及验收内容 2. 掌握园林竣工验收程序及后期养护管理内容			学习资源	课本、课外资料
学习目标				查阅资料并结合本模块内容，掌握园林工程竣工验收与后期养护管理相关内容	
其他内容					
学习记录					
评语					
指导教师：					

班级		姓名		日期	
教学项目			园林工程竣工验收与后期养护管理		
学习要求		1. 熟悉园林工程竣工验收的依据和标准。 2. 熟悉施工单位园林工程竣工验收的资料准备。 3. 掌握园林工程施工竣工验收管理。 4. 掌握隐蔽工程验收项目和内容。 5. 掌握园林工程后期养护管理的基本内容			
相关知识			园林工程施工竣工验收管理 园林工程后期养护管理		
其他内容					
学习记录					
评语					
指导教师：					

参考文献

［1］中华人民共和国住房和城乡建设部．JG/T 537—2018 建筑及园林景观工程用复合竹材［S］.北京：中国标准出版社，2018.

［2］中华人民共和国住房和城乡建设部．CJJ/T 237—2016 园林行业职业技能标准［S］.北京：中国建筑工业出版社，2016.

［3］中华人民共和国住房和城乡建设部．CJJ/T 287—2018 园林绿化养护标准［S］.北京：中国建筑工业出版社，2019.

［4］吴立威.园林工程施工组织与管理［M］.北京：机械工业出版社，2008.

［5］赵九洲，李赵.园林树木［M］.5 版.重庆：重庆大学出版社，2021.

［6］李瑞冬.风景园林工程设计［M］.北京：中国建筑工业出版社，2020.

［7］杨至德.园林工程［M］.5 版.武汉：华中科技大学出版社，2021.

［8］吴戈军.园林工程项目管理［M］.2 版.北京：化学工业出版社，2021.

［9］魏立群，李海宾.园林工程施工［M］.4 版.北京：中国农业大学出版社，2021.

［10］中华人民共和国国家质量监督检验检疫总局，中国国家标准化管理委员会.GB/T 13400.2—2009 网络计划技术 第 2 部分：网络图画法的一般规定［S］.北京：中国标准出版社，2009.

［11］中华人民共和国国家质量监督检验检疫局，中国国家标准化管理委员会.GB/T 13400.3—2009 网络计划技术 第 3 部分：在项目管理中应用的一般程序［S］.北京：中国标准出版社，2009.

［12］中华人民共和国住房和城乡建设部.JGJ/T 121—2015 工程网络计划技术规程［S］.北京：中国建筑工业出版社，2015.

［13］中华人民共和国住房和城乡建设部.GB/T 50502—2009 建筑施工组织设计规范［S］.北京：中国建筑工业出版社，2009.